HORTICULTURE

MISCELLANÉES

PAR M. LE Cte DE GOMER.

JUIN 1867.

Flores oculorum gaudia.

AMIENS,
IMPRIMERIE DE E. YVERT, RUE DES TROIS-CAILLOUX, 64.

1867

INTRODUCTION.

Lorsque j'ai livré successivement à la publicité quelques essais sur diverses spécialités de culture, je n'ai eu d'autre but que de vulgariser certains procédés dont le résultat, dûment éprouvé, pouvait démontrer aux horticulteurs de notre Picardie que des plantes infiniment trop négligées étaient d'une culture simple, facile et pouvaient leur procurer des bénéfices suffisamment rémunérateurs. L'accueil favorable fait à mes premières publications m'a engagé à les continuer.

Maintenant je considère comme un devoir de donner les motifs qui m'ont inspiré l'idée de présenter au Congrès scientifique un travail sur l'horticulture. J'ai pensé que la science n'avait pas seulement une valeur réelle dans l'industrie et dans tout ce qui peut satisfaire la curiosité humaine ; mais que l'étude approfondie des phénomènes et des beautés de la nature offrait un spectacle assez grandiose et assez instructif pour mériter de prendre place dans les enseignements des sociétés savantes.

J'ai été irrésistiblement entraîné à entreprendre ce travail, au-dessus de mes forces peut-être, bien moins par un sentiment d'amour-propre personnel, que par mon dévouement profond pour la science horticole ; il m'a semblé que c'était faire une bonne action que de réhabiliter l'horticulture, que de la montrer comme une science appelée à jouer un rôle important dans la solution des problèmes d'économie sociale, sans laisser oublier les jouissances qu'elle répand à chaque pas sur l'existence des hommes.

J'ai eu la satisfaction d'être compris, car, après avoir été écouté dans une longue dissertation avec une religieuse attention, j'ai vu des hommes placés à la tête du monde intelligent se réunir pour demander la continuation d'une lecture dont les développements auraient pu fatiguer les auditeurs les plus bienveillants.

Ces faits, dont je me réjouis, surtout parce qu'ils témoignent de l'intérêt qui s'attache aujourd'hui à tout ce qui touche à l'horticulture bien comprise, m'encouragent à réunir sous une même couverture mes divers essais sur des spécialités de culture pratique, et le travail, plus sérieux et plus soigneusement rédigé, qui a été favorablement accueilli par le Congrès scientifique.

Pour mettre en lumière dans le cadre qui se présentait devant moi, un tableau en rapport avec la splendeur du spectacle offert par la nature, il m'a fallu des recherches multipliées, il m'a fallu recourir à la science des auteurs qui ont traité des sujets dont certains détails se rapportaient à la thèse que je voulais démontrer ; cette thèse c'est tout à la fois la constatation des progrès que la science horticole a accomplis depuis trente ans et, en même temps, celle des services, quelquefois méconnus, qu'elle rend chaque jour à l'humanité, soit qu'il s'agisse des choses essentielles à la vie, soit qu'elle se renferme dans le cercle des jouissances qui viennent embellir l'existence.

Courcelles-sous-Moyencourt, 30 Juin 1867.

Cte DE GOMER.

MISCELLANÉES

—◦◦◦◦⟫⟨◦◦◦◦—

DE LA CULTURE DES ASPERGES

(*Lettre publiée dans le* MÉMORIAL D'AMIENS *et reproduite par le*
MONITEUR DE L'OISE, *du 5 Mai 1865.*)

Monsieur le Rédacteur,

J'ai lu, il y a quelques jours, dans votre journal, un article dans
lequel on engage vivement à introduire dans la culture potagère
l'usage régulier des couches. Je viens aujourd'hui joindre le témoignage de mon expérience à tout ce que l'auteur de l'article, **M.**
Gossin, a fort sagement conseillé.

Depuis longues années, dans mes travaux horticoles auxquels
j'ai donné un certain développement, je me suis parfaitement
trouvé de l'emploi des fumiers consommés ; j'ai constaté, dans
cette méthode, des avantages sans nombre, parmi lesquels je
compte en première ligne celui d'avoir beaucoup moins d'insectes, limaces, vers, etc., qu'avec l'emploi du fumier sortant de la
fosse dans un état de fermentation infiniment favorable à la repro-
duction de toutes les larves qui doivent faire, par la suite, le
désespoir de l'horticulteur. L'expérience m'a donc conduit naturellement à cette conclusion, qu'il était très-profitable et par suite
très-peu onéreux de faire des couches, parce que c'est le moyen

d'obtenir des fumiers consommés auxquels on fait produire une première récolte, sans l'épuiser en aucune façon.

De là à faire des primeurs, à entreprendre des cultures forcées, il n'y a qu'un pas, et je m'étonne que d'autres n'en soient pas venus comme moi à constater qu'il y a là, pour nos horticulteurs, un vaste champ à exploiter, de beaux bénéfices à réaliser.

Chaque jour nous voyons, à l'occasion d'un mariage, d'un baptême et dans mille autres circonstances, arriver à grands frais de Paris des primeurs, soit fanées, soit de médiocre qualité ; tout cet argent devrait entrer dans la bourse de nos horticulteurs s'ils voulaient se donner la peine de réfléchir et de calculer qu'ils pourraient obtenir, à fort bon compte, ces primeurs qui leur offriraient un prix largement rémunérateur, en les livrant à moitié prix de ce qu'ils coûtent à Paris.

Pour me restreindre aujourd'hui, je ne dirai ici qu'un mot des asperges, cet excellent légume que, dans ce moment, encore on paie à Paris 25 et 30 fr. la botte. Pourquoi ne pas nous soustraire à l'obligation de payer un tribut onéreux aux marchands de comestibles de Paris, en essayant une culture qui est si simple et si peu coûteuse ? Que s'agit-il donc de faire ? Établir le plant d'asperges que l'on destine à être chauffé, exactement dans les conditions où l'on établit un plant ordinaire, en laissant seulement les sentiers entre deux planches un peu plus larges, 70 cent., de manière à permettre de creuser les sentiers qui séparent les planches, à 70 cent. de profondeur, pour les remplir de fumier de cheval chaud ; puis on charge les planches avec un terreau sablonneux bien friable, et on recouvre de châssis et de paillassons pendant la nuit et tout le temps qu'il gèle : au bout de 15 à 18 jours les asperges se montrent, et pendant un mois on obtient une abondante récolte.

Tout cela est aussi simple que possible ; il ne s'agit plus de perdre un plant d'asperges, en arrachant les griffes pour les chauffer sur couches, où elles produisent des tiges grêles et en très-minime quantité. Ici, on peut conserver son plant au moins 10 ans en rapport, en ayant soin d'avoir plusieurs plants qui sont chauffés seulement tous les trois ans ; le fumier qui a servi pendant deux mois peut être remanié pour être employé immédiatement à d'autres couches qui les convertiront en terreau destiné à son dernier usage, à la fumure du potager.

Quant aux couches proprement dites , elles peuvent fournir des récoltes abondantes qui se placeraient avec la plus grande facilité, soit qu'elles soient couvertes de carottes toupies, de radis ou de laitues, soit qu'elles donnent, dès le mois d'avril, une première saison de pommes de terre d'une excellente qualité, alors que les anciennes sont devenues assez médiocres.

Il est facile de se convaincre, par cet aperçu superficiel, de tout l'avantage que peuvent offrir les couches à l'horticulteur ; puis, quand viendra l'automne, il aura à sa disposition tous les débris de ses couches converties en terreaux qui serviront à pailler ses planches de fins légumes, ou ses plates-bandes de fleurs et surtout à fumer son potager. Je me garderai bien de donner de plus longs développements à des détails d'horticulture pratique, qui pourraient paraître minutieux à beaucoup de lecteurs, et je m'estimerai heureux si j'ai pu ouvrir à quelques-uns une voie nouvelle présentant intérêt et profit.

RAPPORT

Fait à la Société d'horticulture de Picardie, sur l'ouvrage de M. le Cte Léonce de Lambertye : LE FRAISIER.

MESSIEURS,

J'ai reçu mission de rendre compte à la Société de l'ouvrage le plus intéressant qui ait jamais paru sur la culture du fraisier ; j'ai accepté cette tâche avec d'autant plus d'empressement, que je m'occupe moi-même de cette culture avec infiniment d'intérêt, et surtout parce que j'ai depuis longtemps reconnu que M. le comte de Lambertye, l'un de nos horticulteurs les plus distingués, s'applique, dans tous les sujets qu'il traite, à mettre en parfait accord la théorie savante avec la pratique intelligente.

L'ouvrage comprend trois divisions principales : botanique, histoire et culture, dont chacune se subdivise à son tour en trois parties.

Virgile, Ovide et Pline se sont occupés du fraisier dont le nom dérive de *fragrans*, odorant à cause du parfum de la fraise ; les Gaulois disaient *herba seu trifolium fragas gerens*, herbe portant fraises.

Les botanistes considèrent la fraise comme un fruit agrégé ou multiple, c'est-à-dire, composé d'un nombre plus ou moins considérable de fruits, *plus d'un organe surajouté ;* tout cela est fort scientifique, je ne m'y arrêterai pas et je renverrai à la lecture de l'ouvrage tous ceux qui ne trouveront pas suffisante l'énonciation de cette opinion.

Passant rapidement sur la première division qui donne la description du genre, des espèces et des anciennes variétés, aussi bien que sur la deuxième division qui traite de la culture du fraisier de la fin du XVIe siècle (1570) jusques à Duchesne, en 1766, j'arriverai avec empressement à l'analyse de la troisième division qui a pour les praticiens un très-grand intérêt ; c'est là, en effet, que l'auteur indique les meilleurs procédés : 1° pour la culture à l'air libre et en pleine-terre du fraisier des quatre saisons ; 2° pour la culture à l'air libre et en pleine-terre des fraisiers de race américaine, communément grosses fraises, fraises anglaises ; 3° pour la culture forcée et hâtée du fraisier.

Toutefois, avant d'aborder toutes les questions qui touchent exclusivement à la culture du fraisier, il est bon d'entrer dans quelques détails empruntés à la première division au sujet des espèces qui doivent être plus particulièrement recommandées. Afin de laisser une latitude suffisante aux horticulteurs qui auraient le désir de cultiver les fraisiers par collection, M. le comte de Lambertye donne la nomenclature de 40 fraises qu'il a choisies parmi les plus méritantes. Voici, pour ceux qui ne pourraient lire l'ouvrage, les noms de ces fraises.

Variétés qui donnent les fraises les plus exquises :

Quatre saisons.	Keens'Seedling.
British queen.	Lucas.
Carolina superba.	Marquise de Latour Maubourg.
La Chalonnaise.	Oscar.
La Constante.	Sir Harry.
La Grosse sucrée.	La Sultane.
Hendries'Seedling.	Wonderful.

Variétés qui produisent les plus grosses fraises :

Admiral Dundas.	Excellente.
Belle de Paris.	Jucunda.
Duc de Malakoff.	Lucie.
Eléonor.	Marguerite.
Empress Eugénie.	Sir Harry.
La Chalonnaise.	La Sultane.

Variétés qui se forcent très-bien :

Quatre saisons.	Keens'Seedling.
Ambrosia.	Marguerite.
British queen.	May queen.
La Constante.	Oscar.
Crémont.	Princesse Frédéric William.
Eleonor.	Sir Charles Napier.
Elisa R.	Sir Harry.
Empress Eugenia.	Victoria Troll.
La Grosse sucrée.	

M. de Lambertye a supprimé, dans la nomenclature de ces fraises de choix, la Princesse royale ; il nous est permis de penser qu'il a eu tort, car, sous le rapport de l'abondance du produit et de la précocité, aucune autre ne lui est supérieure ; aucune, à mon avis, ne lui est comparable. Je sais parfaitement qu'on reproche à cette fraise de produire à la partie centrale ce que l'auteur appelle une mèche ligneuse, mais ce défaut sera considérablement amoindri et même disparaîtra complètement, si, après avoir constaté que ce fraisier fournit sur un même pied deux fois plus que les autres, on ne le cultive qu'en renouvellant chaque année les planches avec des filets jeunes et vigoureux.

Arrivant à la culture du fraisier des quatre saisons en pleine-terre, l'auteur conseille de les multiplier par les semis dont les graines auront été récoltées à la mi-août sur des plantes reconnues comme les plus propres à porter graines ; le semis doit toujours se faire au printemps, soit à l'air libre, en pleine-terre, en plein soleil, soit sur couche refroidie et sous châssis.

Une fois le semis effectué, on ne doit jamais laisser absolument sécher la surface du terrain, mais bien le bassiner avec un arro-soir à pomme très-fine, à plusieurs reprises chaque jour, surtout si le temps est chaud ; dans ce cas, la plupart des graines seront levées au bout de 18 ou 20 jours.

Sur couche les graines lèvent plus également et plus vite ; quand on peut compter trois ou quatre feuilles sur les plantes, outre les cotylédons, c'est le moment de les piquer en pépinière ; pour cela, il faut, quelques heures avant l'opération, mouiller le semis afin de faciliter l'arrachage ; puis on place le plant dans un panier recouvert d'un linge et on repique en arrachant au fur et à mesure en ayant soin de bassiner assez fréquemment pour éviter que la feuille ne sèche sous l'influence du soleil, car elle ne doit jamais se faner jusqu'à la reprise.

En repiquant les fraisiers une seconde fois en pépinière, on provoque la naissance de spongioles qui, en se multipliant et se fortifiant, retiennent la terre autour d'elles, et facilitent plus tard la levée en motte de la plante.

Il faut, pour obtenir des fraisiers quatre saisons, un produit abon-dant et de beaux fruits, une terre franche très-substantielle, rendue légère par une addition d'engrais très-consommé. M. de Lambertye veut que, comme l'on a choisi avec soin les portes-graines, de même on prépare aussi ce qu'il appelle des portes-coulants.

On peut, deux années de suite, utiliser les portes-coulants ; au bout de ce temps ils passent à l'état de vieilles plantes et les coulants qui produiraient n'auraient plus la même valeur.

On peut recourir à l'ouvrage pour voir les soins que l'auteur conseille pour la première année de fructification, pour les paillis, etc., etc.; mais il faut ici dire un mot de la récolte, puisque, en définitive, c'est là le but de la culture du fraisier.

La cueillette des fraises n'est pas chose la plus facile ; la personne chargée exclusivement de ce soin doit choisir l'heure du jour la plus favorable, jamais en plein midi, par un soleil ardent, éviter de piétiner la planche, de frotter les feuilles avec la robe, autrement on s'expose à ne faire paraître sur la table que des fraises décomposées.

M. Grison, au potager de Versailles, ne se sert pas, pour former ses planches, du semis des quatre saisons, mais bien des coulants provenant de ces semis, et il donne pour raison que les pieds provenant directement du semis, étant plus robustes que leurs coulants, ils produisent plus de feuilles et moins de hampes que ceux-ci.

Dans la deuxième partie, M. de Lambertye aborde la culture des fraises américaines que maintenant on nomme fraises anglaises ou grosses fraises ; cette dernière dénomination est la plus juste puisqu'un très-grand nombre de ces fraises ont été obtenues en Belgique, par M. de Jonghe, et surtout en France par MM. Bossin, Boisselot, Crémont, Carré, Glœde, Graindorge, Jamin, Gauthier, Lorio, Lebreton, docteur Nicaise, Pelvillain, etc., etc.

Ces fraises se multiplient par les coulants, afin que l'enfant soit pareil à la mère ; le coulant continue toujours la variété. On doit choisir du plant très-jeune, et le repiquer deux fois avant la mise en place définitive, par la même raison qui a fait adopter ce procédé pour les quatre saisons ; mais ici les raisons sont plus fortes, car les racines de ces fraisiers sont plus ligneuses et moins pourvues de chevelu.

Pour planter, on rafraîchit les radicelles avec la serpette, on supprime les coulants si petits qu'ils soient, on choisit de préférence une journée sombre pour la plantation, on a soin de mouiller au bec au pied de chaque fraisier ; et on n'oublie pas qu'il est très-utile de répandre sur toute la surface de la planche, entre les touffes, une légère couche de bon terreau mi-consommé.

M. de Lambertye conseille d'abriter les fraises anglaises contre les gelées du printemps, car plus une culture a coûté, plus il importe de s'assurer une belle et bonne récolte ; il ne veut pas que l'on oublie que les fleurs qui s'épanouissent les premières sont toujours celles qui produisent les plus beaux fruits.

Il conseille aussi l'emploi des paillis quand la sécheresse et la chaleur augmentent, pour s'opposer à l'évaporation de l'eau.

Pour la récolte il faut, comme pour les quatre saisons, les plus grands soins et surtout placer les fraises dnas un endroit qui ne soit pas trop chaud.

Ces fraisiers peuvent supporter au maximum trois années de fructification ; après cette période il ne faut pas hésiter à les arracher.

M. de Lambertye passe en revue les procédés divers des horticulteurs qui s'occupent spécialement de la fraise, et il analyse leurs méthodes pour les semis et la culture du fraisier ; puis il arrive à la troisième partie où il traite de la culture forcée et hâtée du fraisier, et d'abord l'auteur appelle l'attention sur une erreur dans laquelle tombent les personnes étrangères à l'étude des plantes, lorsqu'elles se persuadent que les arbres ou les herbes dont on obtient des fruits à contre-saison doivent être soumis constamment à une chaleur très-forte ; il suffit, au contraire, pour forcer le fraisier de lui faire un climat artificiel correspondant à son climat naturel, et plus il y aura de rapports entre ces deux climats, plus le succès sera grand.

En pleine-terre, où le fraisier subit les vicissitudes du temps, trois mois et demi environ séparent l'instant où le travail de la sève se manifeste en lui de celui où ses fraises commencent à mûrir.

En culture artificielle les alternances de froid et de chaud, de sécheresse et d'humidité, sont faciles à éviter : il en résulte qu'un laps de temps moins considérable est nécessaire pour obtenir le produit.

Les fraisiers doivent être placés dans une bâche encadrée de bois, sur des gradins, de manière que le fraisier soit très-rapproché du verre ; des tuyaux en cuivre correspondant à une chaudière doivent reposer sur des briques au fond de la bâche ; les châssis doivent être garnis de crémaillères ; la bâche regardera l'Est ou le Midi.

Le problème à résoudre est celui d'avoir des fraises sans interruption du 1er mars jusques à la maturité en pleine-terre ; pour arriver à ce résultat on force dans la serre à ananas pour la première saison ; la seconde saison se force dans la bâche chauffée au thermosiphon à dater du 20 décembre pour arriver au 15 mars ; la troisième partie se force du 15 janvier pour arriver au 1er avril.

La quatrième saison, que l'auteur appelle culture maraîchère, est hâtée sur couche chaude du 25 janvier pour arriver au 15 avril ; et enfin la cinquième saison se cultive en pleine-terre sous châssis froids, du 15 février pour arriver le 5 mai jusques au 1er juin, époque où la pleine-terre commence à donner.

Pour forcer des fraisiers, il faut les préparer dès le mois de juin, en choisissant des pieds-mères âgés d'un an. Les plants sont placés au commencement de juin sur couche tiède et sous châssis, on étouffe, on brouille les châssis, puis on bassine, et trois semaines après la plantation il peuvent être transplantés.

Vers le 1er juillet on établit une seconde pépinière parce que les plants ont besoin de plus d'espace ; traitées avec soin, les plantes se ressentent peu de la transplantation ; au bout de deux mois et demi arrive le mois de septembre, c'est le moment d'empoter afin que les plantes aient le temps de reprendre et d'émettre de nouvelles racines avant le froid

En octobre toute mouillure doit être suspendue, et dès qu'il surviendra des gelées on placera les pots dans un coffre recouvert de châssis, on donnera de l'air quand le temps permettra et la nuit on étendra des paillassons si le froid augmente.

Vers le 15 novembre les pots rentrent dans la serre sur les tablettes, on arrose suivant le besoin ; au moment de la floraison on active le courant d'air chaud, et on supprime les arrosements.

Quand la fleur est nouée, on donne une bonne mouillure, et on a soin de soutenir les hampes avec de petits fourches de bois ; pour la seconde saison, la bâche sera entourée de réchauds, les châssis moussés ; on observera que la chaleur doit être soutenue et graduée ; la température plus élevée le jour que la nuit, on donnera de l'air dès que le temps le permettra.

Toutes les fois qu'on chauffe, seringuer les plantes matin et soir, excepté pendant la floraison et à l'époque où le fruit va mûrir.

On peut adopter ce principe : jamais une feuille flétrie, jamais la terre saturée d'eau.

Telles sont, bien abrégées, les indications principales que donne l'auteur pour le forçage des fraisiers, et quoique ces principes s'appliquent successivement à chacune des saisons, il donne pour chacune d'elles des renseignements fondés sur une longue et savante pratique.

En rendant compte à la Société d'horticulture de Picardie de l'ouvrage de M. le comte de Lambertye, il eût été facile de se livrer à des appréciations qui auraient permis au rapporteur de placer souvent son opinion personnelle en face de celle de l'auteur; de cette façon, le compte-rendu, assurément plus séduisant sous le rapport du style, serait devenu une critique de l'ouvrage plutôt que l'analyse; ce n'est point ainsi que j'ai compris la mission qui m'a été confiée, et du moment qu'à mon point de vue j'avais à examiner un ouvrage excellent, mon rôle devenait bien simple et bien modeste, il ne s'agissait plus que de présenter à la Société, dans une analyse aussi claire et aussi succincte que possible, l'exposé de la méthode de culture conseillée par M. le comte de Lambertye.

Je me trouverai largement payé de mon travail si j'ai pu fournir à tous ceux qui ne pourront lire l'ouvrage entier les principales notions indispensables pour cultiver le fraisier avec succès.

Tous ceux auxquels parviendra mon rapport étant pour la plupart des praticiens, l'auteur voudra bien me pardonner, je l'espère, de n'avoir fait qu'indiquer tout ce qui, dans son ouvrage, a trait à la botanique et à l'histoire du fraisier, pour reporter tout l'intérêt de mon analyse sur la culture du fraisier. En terminant j'adresserai à M. le comte de Lambertye mes félicitations les plus sincères sur l'étendue et les recherches consciencieuses qu'il a dû faire pour les développements scientifiques de son ouvrage, et surtout à cause des soins qu'il a pris afin de mettre à la portée de tous l'exposé d'une méthode de culture justifiée par une intelligente expérience.

DES BONNES FRAISES.

Rapport sur l'ouvrage de M. Glœde.

Après l'ouvrage si complet et si remarquable de M. le comte Léonce de Lambertye sur l'histoire, la botanique et la culture du fraisier, il semblait qu'il n'y avait plus rien d'utile à dire sur cette plante ; tel n'a pas été l'avis de M. Ferdinand Glœde, lui aussi cultivateur de fraisiers émérite. Après avoir lu les 150 pages de sa brochure intitulée *les Bonnes Fraises*, il faut dire hautement que son sujet lui a fourni encore d'excellents enseignements à donner sur la culture du fraisier et sur le choix des espèces les plus recommandables.

Avant d'entreprendre l'analyse de la brochure sur *les Bonnes Fraises*, je dois placer cette observation, que mon but étant, avant tout, de rendre quelques services aux lecteurs des bulletins de la Société d'horticulture de Picardie, je ne crois pas devoir me borner à mettre sous leurs yeux le récit exact et exclusif des indications de la brochure de M. F. Glœde, car, s'il devait en être ainsi, je n'aurais qu'une chose à faire, dire à tous : Achetez l'ouvrage de M. Ferdinand Glœde et vous en saurez autant que moi ; mais ce n'est point ainsi que j'ai compris la mission que j'ai acceptée, et tout au contraire, chaque fois que mon appréciation personnelle différera de celle de l'auteur, je ferai part au lecteur des motifs sur lesquels se fonde mon opinion ; alors, assurément, l'approbation et les éloges que je donnerai, sans réserve, aux assertions de M. Glœde, devront avoir à ses yeux plus de valeur, et d'un autre côté le lecteur conservera toute la liberté de son jugement pour prononcer entre deux opinions différentes.

Au surplus, ce que je viens de dire ici n'est qu'une précaution oratoire en vue d'observations qui ne seront qu'une rare exception dans mon analyse, car, sur l'ensemble de son ouvrage, je me trouve avec M. Glœde en parfaite conformité d'idées, et ma conclusion sera

que la brochure est un excellent guide pour quiconque veut spécialement cultiver le fraisier.

Je suis du nombre des personnes qui soutiennent, contrairement
à l'opinion de M. Glœde, que le fraisier ne réussit *dans tous les
terrains* qu'à la condition de lui donner les plus grands soins, et
qu'il ne pourra fournir de beaux fruits, *dans le tuf et dans la terre
glaiseuse sans addition de fumier ;* et tout d'abord j'insiste avec
énergie sur ce premier point qui constituera la principale divergence entre l'auteur et moi : Il est reconnu par tous ceux qui
cultivent le fraisier que, même dans les meilleurs terrains, il faut
une abondante fumure à cette plante ; en effet, tous ont compris
qu'il faut fumer bien plus largement une plante qui doit fournir
son produit à la même place quelquefois deux années de suite et
souvent trois ou quatre, que celle qui, au bout de quelques mois,
fait place à une autre culture pour laquelle la terre reçoit de nouvelles préparations et de nouveaux engrais ; mais s'il en est ainsi
dans les terres les plus favorablement disposées pour la culture
des fraisiers, à plus forte raison doit-on donner de très-grands
soins à ceux qui seront placés dans le tuf et la terre glaiseuse.
Je me suis fait un cas de conscience de signaler l'erreur dans laquelle pourraient tomber les personnes qui prendraient trop à la
lettre les affirmations de M. Glœde, car elle ne récolteraient que
des déceptions ; heureusement l'auteur a placé lui-même le cor-
rectif à côté d'une indication qui mérite examen, puisqu'à la page
suivante, il dit « que le terrain destiné à la plantation doit être
« profondément labouré et de préférence à la bêche et au moins
« à 33 cent. de profondeur, davantage si faire se peut. » Ici je me
retrouve en parfait accord avec M. Glœde, en faisant observer qu'on
ne peut défoncer ainsi un terrain de tuf.

M. Glœde conseille, avec très-juste raison, de planter les fraisiers
de très-bonne heure, c'est-à-dire, en juillet, s'il est possible, afin
qu'ils aient le temps de s'enraciner profondément et de se fortifier
avant l'hiver, pour donner une pleine récolte l'année suivante.
Pour la manière de planter on trouve de bonnes indications, surtout le conseil d'éviter de planter au plantoir qui a l'inconvénient
d'emprisonner les racines en paquet dans un trou perpendiculaire;
c'est, au contraire, la main gauche qui doit retirer la terre, pendant qu'avec la main droite on appuie fortement autour du collet

de la plante dont l'œil doit se trouver au niveau de la terre. La plantation faite, il faut arroser avec la pomme de l'arrosoir, même par un temps pluvieux et continuer jusqu'à parfaite reprise ; puis on doit enlever successivement les coulants sous peine de n'avoir qu'un produit insignifiant. Aux premiers jours de mars on doit songer à nettoyer les fraisiers, à les biner, et la fin du mois arrive le moment de les pailler, ce qui évitera de laver les fruits. L'auteur engage ensuite à se procurer des portes-fraises dont il donne le modèle et qui ont l'avantage de mieux exposer les fraises à l'action du soleil et de les préserver de l'humidité par les temps pluvieux.

Les fraisiers bien cultivés peuvent donner une abondante récolte pendant deux ou trois ans ; pour cela il ne faut pas les abandonner à eux-mêmes après la récolte, mais les biner et arroser à l'engrais liquide et supprimer les coulants.

L'auteur soutient avec raison que les fraisiers cultivés sur ados donneront des fruits plus beaux et meilleurs que ceux cultivés en terre plate ; cela est surtout exact pour les sols froids et compactes; il engage également, pour multiplier les fraisiers, à introduire les coulants, avant qu'ils aient produit des racines, dans les godets de 6 à 8 cent. enterrés autour des pieds-mères ; au bout de trois semaines on peut pratiquer le sevrage.

Les engrais employés pour le fraisier doivent être au moins à demi-consommés lorsque l'on veut les enterrer.

L'emploi du soufre légèrement enterré est fortement recommandé comme préservatif des insectes et notamment du ver blanc.

On doit semer les fraises des quatre saisons au mois de mars et à l'air libre, en choisissant avec soin les portes-graines qui auront été fécondés artificiellement ; les autres fraises ne reproduisent pas le type.

M. Glœde ne croit pas devoir s'occuper des fraises forcées, mais seulement de culture hâtée, pour laquelle il faut avoir à sa disposition, en septembre ou octobre, du plant de force à donner une abondante récolte. En janvier on établit une couche composée de mi-partie de fumier de cheval et mi-partie de feuilles ; quand cette couche a jeté son feu, on y plante en mottes les fraisiers, on les couvre de châssis, en leur donnant tous les soins réclamés par la saison, pour entretenir leur végétation.

On peut également employer la culture hâtée pour les fraisiers en pots, mais alors on se rapprochera beaucoup des cultures forcées pour lesquelles il faut des serres et des appareils de chauffage.

L'auteur passe en revue le calendrier en indiquant les soins spéciaux que réclament les fraisiers pendant chacun des mois de l'année ; puis il donne la liste descriptive des bonnes fraises ; pour cette nomenclature on ne peut que renvoyer le lecteur à la brochure, car, pour présenter un travail complet, il faudrait copier textuellement l'ouvrage ; il en est de même pour la liste des fraises, donnée par ordre de maturité, aussi bien que pour celle des fraises les plus exquises ; pour toutes ces indications la brochure de M. Glœde peut rendre les plus grands services, car nul mieux que lui ne peut guider sur le choix des fraises préférables pour chaque terrain et en vue du parti que l'on veut tirer de la culture des fraisiers.

En terminant, je ne saurais engager trop fortement tous ceux qui s'occupent de la culture du fraisier, soit comme amateurs, soit pour en faire commerce, à se procurer l'ouvrage de M. Ferdinand Glœde ; il émane d'un cultivateur spécial et émérite ; les méthodes qu'il indique sont simples et d'une exécution peu dispendieuse, et on doit se trouver trop heureux quand on rencontre un homme qui consent à vous faire partager le fruit d'une expérience persévérante et consciencieuse.

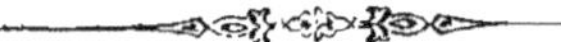

QUELQUES MOTS

Sur l'horticulture et plus spécialement sur la culture des primeurs.

On a si souvent répété que l'horticulture, avec les progrès accomplis depuis cinquante ans, était devenue une science, que plusieurs en ont été effrayés et sont tentés de repousser tous les ouvrages qui pourraient leur procurer les connaissances nécessaires pour sortir de la routine et aborder les expériences qui seules peuvent conduire au progrès.

Sous l'influence de ces réflexions, et encouragé par l'accueil qui a été fait à quelques indications que j'ai données à une autre époque sur la culture forcée des asperges, je me décide à prendre de nouveau la plume pour faire connaître quelques procédés qui rendent faciles la culture des primeurs. Je m'abstiendrai de tout ce qui pourrait ressembler au désir de faire de la science, aussi bien que des grandes périodes dans lesquelles le fond est sacrifié bien souvent à la forme; je n'envisagerai qu'une chose, c'est que, pour être lu par des horticulteurs praticiens, il faut être court, il faut être clair, il faut surtout ne parler qu'*ex-professo* et pouvoir dire, pour inspirer une confiance entière : ce que je recommande je le fais, ce que j'indique vous pouvez venir le voir en cours d'exécution.

J'aurais pu, me laissant séduire pour la jouissance des yeux, entrer dans quelques détails sur la culture des fleurs, de celles-là surtout qui, moins délicates, viennent parer nos parterres sans réclamer la protection d'une serre; et, par cela même, sont à la portée d'un plus grand nombre d'horticulteurs ; je pourrais encore mettre sous les yeux de mes lecteurs le résumé des procédés des maîtres en arboriculture qui ont nom Dubreuil, Lepère, Rivière et tant d'autres qui professent aujourd'hui avec tant d'éclat pour l'honneur et aussi pour la fortune du pays. Je pourrais aussi, remontant la chaîne des âges, rechercher, à la suite de La Quintinie, l'histoire de la découverte de la taille des arbres, qui est racontée de la manière suivante :

« C'était en Grèce ; les Grecs n'ont-ils pas été nos premiers maî« tres en tout ce qui touche à l'intelligence ?

« Un Grec possédait une vigne très-vigoureuse, plantureuse à « l'excès, mais, par cette raison même, ne donnant pas de récolte ; « — ce grec était aussi le propriétaire d'un âne. L'âne était gour« mand : un beau jour, en l'absence du maître, l'âne pénètre au « verger et fait, aux dépens de la vigne, un très-copieux repas. « L'histoire ne dit pas si le maître lui fit payer cette indiscrète « gourmandise, mais ce qu'elle dit, c'est que l'année suivante la « vigne se couvrit d'une abondante et savoureuse récolte. Le maître, « homme de bon sens, mit la leçon à profit ; il tailla hardiment sa « vigne dont la fertilité fit du bruit dans le pays.

« Bientôt la méthode s'étendit au loin ; la Grèce toute entière la « mit en pratique, mais la Grèce, qui poétisait toutes choses, ne « manqua pas de solenniser cette précieuse découverte, et delà « vint que l'âne fut depuis lors admis à figurer en grand honneur « aux fêtes de Bacchus ; il n'en fut pas plus fier pour cela. »

Après cette petite excursion, qui ne m'a pas paru dépourvue d'intérêt, je me hâte de rentrer dans mon sujet sans renoncer, pour la suite, à aborder les questions intéressantes dans les autres sections de l'horticulture.

Dans une note, publiée par le *Mémorial d'Amiens*, je donnais les indications nécessaires pour obtenir, en pleine-terre, et non sur couches, des asperges forcées au plus fort de l'hiver ; je faisais remarquer que la dépense occasionnée par cette culture était singulièrement diminuée par ce fait, que les fumiers employés pour chauffer sur place les planches d'asperges, pouvaient de nouveau servir, après avoir été remaniés et additionnés d'une certaine quantité de fumier neuf, à faire d'autres couches, après la récolte desquelles ils se trouvaient convertis en terreau. Je crois alors avoir réussi à démontrer que c'est à grand tort que, par économie, on renonce à cultiver des asperges de primeurs, laissant ainsi enlever par les horticulteurs parisiens des bénéfices certains et dans une proportion qu'aucune autre culture ne pourrait produire.

Mais les asperges ne sont pas les seuls produits que l'on peut ainsi obtenir en faisant des couches en temps utile ; le nombre est grand des légumes et des fruits que peuvent fournir les couches, deux mois avant la saison normale.

Et d'abord, pour la confection des couches, il est possible de réaliser une économie notable de fumier en approvisionnant une bonne quantité de feuilles, car ce dernier élément peut entrer dans la composition des couches pour un tiers, et il en résultera cet avantage, que le terreau produit par les couches sera plus léger et plus convenable, par conséquent, pour le rempotage des fleurs, que celui produit par des couches exclusivement faites avec du fumier pur.

Toutefois, la pratique m'a conduit à reconnaître que, dans le climat sous lequel nous vivons (qui, il faut bien en convenir, n'est pas très-favorable aux cultures forcées), il est sage de ne pas s'évertuer à obtenir des produits de première saison ; car on courrait risque de ne pas être dédommagé de ses peines ; et, en effet, si on voulait, dès le mois de novembre, établir des couches pour les haricots verts, par exemple, on se trouverait en face d'une saison froide, pluvieuse, sans soleil ; les jeunes plants pourraient pousser en vert, mais la floraison s'effectuant mal et dans une très-petite proportion, la récolte serait insignifiante. Dans notre climat, il faut se contenter de chercher à obtenir des primeurs de seconde saison ; ainsi, pour les haricots dont je viens de parler, la couche devrait être faite dans la seconde quinzaine de décembre, pour permettre la plantation des haricots en place dans la première huitaine de janvier ; cette époque de plantation fournira son produit vers le 15 février ; il sera bon, en plantant les haricots, de réserver un panneau de châssis pour le semis des melons, qui devra s'effectuer dans la première huitaine de janvier, si l'on veut avoir des melons mûrs dans la première quinzaine de mai.

Les carottes, radis, salades, pommes de terre, demandent infiniment moins de soins que les haricots ou les melons, et peuvent être faits en première saison, sauf à faire succéder les couches, afin d'entretenir une couche en plein rapport jusques aux produits de la pleine-terre.

Il est encore un légume précieux et qui est peu connu ou peu cultivé en Picardie ; je veux parler de la patate, c'est une lacune qui serait facile à combler, car après avoir mis les patates conservées au germoir, comme on fait pour les dahlias, on les plante en même temps que la troisième saison de melons et la récolte a lieu dans le courant de septembre.

Les couches fournissent encore, dans le courant d'avril, des fraises en abondance, si l'on a eu soin de planter de bons filets de fraisiers dans le courant de septembre sur une couche sourde que l'on recouvre de châssis et de paillassons quand viennent les gelées.

Je ne rangerai pas les ananas dans la catégorie des plantes que l'on peut cultiver sans trop de difficultés et de dépenses, car bien que la culture de cet excellent fruit ait été singulièrement simplifiée depuis quelques années, ces plantes exigent certaines préparations qui entraînent toujours des frais assez considérables.

Je ne conseillerai pas davantage aux horticulteurs, qui auraient le désir de s'occuper de primeurs, d'essayer la culture forcée des arbres à noyaux, pêchers, cerisiers, pruniers, car ils rencontreraient là des obstacles sérieux et se verraient obligés à la construction de bâches spéciales qui ne produiraient qu'exceptionnellement le résultat désiré ; je me résume en précisant les cultures que je recommande et les époques auxquelles on est en droit d'obtenir la récolte.

Pour les pommes de terre, une couche de 45 c. d'épaisseur composée par tiers de fumier de cheval, de vaches et de feuilles, faite au 15 décembre, fournira son produit en mars.

Les carottes, radis, sur une couche au 15 décembre, fourniront également leur produit en mars.

Une couche pour les haricots verts, faite au 20 décembre, permettra de semer en place au 5 janvier, et on pourra cueillir au 20 février.

Les melons à semer dans la première huitaine de janvier exigent une couche d'au moins 50 c. d'épaisseur, faite le 15 décembre ; ils seront amenés à maturité dans la première huitaine de mai, si l'on a soin d'entretenir la chaleur de la couche au moyen de réchauds.

Les fraisiers en pots, rentrés en serres en décembre, donneront leur récolte fin mars ; ceux plantés en septembre sur couche sourde offriront des fruits mûrs en avril et en mai.

On peut planter sur vieille couche en janvier, pour les manger en mars et avril, les choux-fleurs. Quant aux asperges, les sentiers étant faits le 8 janvier fournissent la première coupe le 25 janvier et continueront leur produit jusqu'à la fin de février.

Telles sont les cultures dont je puis parler sciemment, puisque je les pratique depuis longues années ; et, en ce moment, si quelques-uns de nos sociétaires, ayant trouvé quelques notions intéressantes dans les détails que je viens de donner, éprouvaient le désir de voir par eux-mêmes la mise en pratique des procédés que je n'ai indiqués que bien sommairement, je serais très-empressé de les conduire à Courcelles.

Plusieurs peut-être se demanderont quel est le motif qui m'a mis la plume à la main pour dire quelques mots de certaines cultures forcées, alors que la spécialité dont je m'occupe plus particulièrement est celle des fleurs ; mon motif, le voici : Tout le monde sait que l'horticulture maraîchère du département de la Somme et des environs d'Amiens en particulier est fort renommée en France, et souvent les journaux d'horticulture et les comptes-rendus d'expositions ont constaté ses succès ; mais il m'a semblé que, dans un pays qui cultive les légumes avec une supériorité marquée, l'absence sur nos marchés de tous produits de primeurs marquait une lacune qu'il était utile de combler ; j'ai essayé alors d'encourager quelques-uns de nos sociétaires à aborder la culture de certains produits qui peuvent offrir d'assez beaux bénéfices et pour lesquels nous sommes tributaires, à des prix très-onéreux, de l'horticulture parisienne.

Maintenant j'espère qu'il me sera permis d'ajouter quelques mots au sujet des grandes exhibitions qui doivent avoir lieu en 1867, et qui, à mon avis, nécessiteront, dans l'action de notre Société, des modifications, si nous ne voulons pas nous exposer à un insuccès.

L'exposition universelle de Paris attirera, assurément, un concours immense de visiteurs parmi lesquels le département de la Somme sera largement représenté. Or, comme l'horticulture de tous les points de l'Europe tiendra dans cette exposition une place très-importante, il sera sage, je le pense, de ne pas mettre sous les yeux des amateurs d'horticulture une exposition trop rapprochée de celle qu'ils auraient admirée à Paris.

L'exposition quinquennale de Gand, qui doit également avoir lieu en 1867, est aussi une solennité horticole qu'il faut avoir vue, au moins une fois, pour se faire une idée du développement de l'horticulture de Belgique, et qui peut rendre les plus grands services aux horticulteurs sérieux, par l'examen des procédés mis en pratique ; ils peuvent là apprécier les perfectionnements et les progrès à introduire dans leurs cultures, en même temps qu'ils prennent connaissance des nouveautés intéressantes qui sont livrées au commerce.

Je ne sais ce qui sera fait à Paris au point de vue de l'horticulture, mais il est probable que si quelques difficultés s'élèvent en ce moment, au sujet des dépenses occasionnées spécialement par l'exposition horticole, tous les obstacles disparaîtront, et la commission de l'exposition reconnaîtra qu'elle ne peut laisser à la Société impériale d'horticulture la charge d'organiser tout ce qui concerne ses produits ; on peut donc en conclure que l'exposition horticole sera splendide.

Mais si à Paris l'horticulture voit s'élever devant elle des questions de dépenses qui occasionnent certains tiraillements, il n'en est pas de même en Belgique où tous les horticulteurs indistinctement, marchands ou amateurs, mettent de côté tout sentiment de rivalité pour concourir, avec un zèle et une ardeur sans égale, à rendre splendide l'exposition qui ne se renouvelle que tous les cinq ans.

A cette solennité sont convoqués tous les horticulteurs d'élite de l'Europe entière, et chacun de ceux qui y ont paru une fois se garde bien de manquer à l'appel qui lui est fait cinq ans après, et, en effet, tous sont certains de rencontrer, dans toutes les sections de l'horticulture, tout ce qui, pendant les cinq années, s'est produit de remarquable.

Il est admirable de voir avec quelle intelligence sont disposées les expositions, et de constater que là on ne recule devant aucun sacrifice pour en augmenter la splendeur. Ainsi, pour en concevoir une faible idée, il suffit de savoir que si, pour l'appréciation du jury chargé de distribuer les récompenses, les plantes sont rassemblées par collections individuelles bien séparées les unes des autres, de manière à permettre de juger du mérite de chacun des concurrents qui sont très-nombreux dans chaque catégorie, il n'en est plus de même le lendemain, lorsque l'exposition est ouverte au public ; et, en effet, dès que le jury, qui est généralement composé de 100 membres, a terminé ses opérations, le local de l'exposition est envahi par une armée de garçons jardiniers qui, sous la direction d'architectes et d'organisateurs habiles, disposent l'ensemble des groupes de plantes de manière à leur faire produire le plus bel effet ; sans s'occuper de réunir les plantes d'un même exposant, ils prennent, au contraire, dans chaque lot, les plantes qui, par leur taille, leurs couleurs, peuvent donner à chaque groupe le plus d'éclat et d'harmonie, et l'on conçoit facilement qu'avec des milliers de plantes dans un état d'inflorescence luxuriante, on peut aussi obtenir un coup-d'œil qu'aucune description ne saurait rendre.

Je serai heureux si ces détails ont pu inspirer quelqu'intérêt à la Société, et surtout s'ils ont été jugés de nature à encourager des cultures qui sont maintenant en grand honneur à Paris, tandis que chez nous elles n'avaient pas encore attiré l'attention de nos horticulteurs.

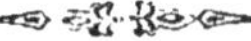

DES PLANTES A FEUILLAGE COLORÉ.

L'éditeur Rothschild a fait paraître, en 1865, un ouvrage traduit de l'Anglais sur les plantes à feuillage coloré. Il faut lui savoir gré d'avoir entrepris un travail qui est aujourd'hui plein d'intérêt à cause de la vogue dont jouissent les plantes à beau feuillage, aussi recherchées maintenant que celles qui produisent les fleurs les plus brillantes. Cet ouvrage a cela d'utile, qu'il peut servir de guide à l'horticulteur dans ses acquisitions, et rien n'est plus précieux, car il importe à l'amateur de savoir distinguer parmi les plantes colorées celles dont le coloris est normal, et celles dans lesquelles il est le signe de l'affaiblissement.

Les coloris du feuillage se rattache donc à deux origines bien différentes et donne lieu à deux groupes très-inégaux en valeur. Tantôt il est entièrement lié à la nature de l'espèce et, à ce titre, aussi normal que la teinte verte l'est dans la grande majorité des végétaux ; tantôt, au contraire, il résulte de l'altération des tissus véritable infirmité qui réagit presque toujours sur le développement de la plante. Dans le premier cas, les teintes sont le rose, le rouge, le violet, le jaune vif, le blanc argenté ; dans le second, c'est le blanc plus ou moins mat ou le jaune pâle, associés au vert naturel, qui est souvent lui-même affaibli.

Le plus simple examen suffit pour faire remarquer qu'un ouvrage, sur un pareil sujet, plein d'actualité, est le fruit du travail d'hommes compétents qui ont droit à notre reconnaissance pour nous avoir communiqué le résultat de leurs expériences et de leurs études consciencieuses sur la physiologie des plantes.

La description de chaque plante est accompagnée d'une gravure dans laquelle le talent du peintre a su rendre, presqu'avec leur vivacité naturelle, les nuances variées que le langage n'aurait pu exprimer.

Il faut regretter qu'à cela près d'une nomenclature qui se trouve à la fin de l'ouvrage en forme de table de matières, le livre ne contienne, en immense majorité, que des plantes de serre chaude ; par cela même il ne peut convenir qu'à un très-petit nombre d'amateurs. Les seules plantes peut-être que l'on puisse classer au nombre des plantes rustiques, parmi celles décrites et figurées dans l'ouvrage sont le *Cratægus prunifolia variegata* et l'*Hedera helix variegata*. La première appartient à la famille des rosacées, elle est destinée à faire l'ornement des jardins paysagers sous le triple rapport de son feuillage, de ses fleurs et de ses fruits ; l'espèce-type est originaire de l'Amérique du Nord ; la variété panachée a été obtenue de semis en Angleterre d'où elle ne tardera pas à se répandre sur le continent. La culture en est des plus faciles, aussi bien que la multiplication par greffes sur aubépine.

Mais les feuilles, ainsi qu'il est dit plus haut, ne sont pas le seul agrément de ce *Cratægus* américain ; au printemps, il se couvre d'une multitude de beaux corymbes de fleurs blanches, auxquels succèdent des baies d'un rouge assez vif à l'arrière-saison. Ces baies sont recherchées par les oiseaux frugivores, en particulier par les merles et les grives.

A ce propos, l'auteur anglais de cet article raconte l'historiette suivante qui n'est, sans doute, qu'une facétie destinée à affirmer l'attrait des fruits des *Cratægus* pour la gent ailée.

« Un dimanche matin, à mon retour des offices, j'aperçus une bande de grives occupées à déjeuner sur mon arbre comme elles le faisaient tous les jours depuis quelque temps. Je les laissai faire ; mais, revenant une demi-heure après, je ne fus pas peu surpris de voir une de ces grives prise comme dans un piége et se débattant vainement pour s'échapper. Mon étonnement fut bien plus grand lorsque, m'étant approché, je découvris qu'elle avait le bout de la queue engagé dans un petit glaçon qui entourait la branche de l'arbre. Voici ce qui était arrivé : un rayon de soleil avait fondu nomentanément le givre qui couvrait l'arbre ; puis le soleil ayant disparu et une bise du Nord assez froide ayant soufflé, l'eau qui coulait sur les branches se congela de nouveau, saisissant la queue de l'oiseau trop occupé de ce qui était devant lui pour s'inquiéter de ce qui se passait derrière. De là la cruelle position dont, je dois le dire à ma louange, j'eus hâte de le délivrer en coupant d'un coup de ciseau les malencontreuses plumes qui faisaient de lui un Absalon d'un nouveau genre. Après l'avoir réchauffé quelques instants auprès du feu je le remis en liberté, ne gardant comme témoignage du fait que les plumes coupées. »

La seconde plante rustique pour notre climat est *l'Hedera helix variegata* ou lierre panaché dont on peut faire un excellent emploi pour la décoration des murs et des rocailles.

Vient encore le *Tussilago farfara foliis variegatis* parfaitement rustique et pouvant rivaliser par sa panachure avec le *Farfugium exotique.* En dehors de ces trois plantes toutes celles représentées dans l'ouvrage exigeraient la serre chaude au moins l'hiver. Il faut conclure de cet examen que l'ouvrage sur les plants à feuillage coloré peut être très-utile, mais à ceux-là surtout qui possèdent une serre chaude.

OBSERVATIONS

Sur des indications relatives à la culture des melons.

Au milieu de plusieurs procédés utiles indiqués pour la culture des melons, M. Dumont-Carment a laissé échapper cette affirmation, qu'en employant, pour les couches de melons de primeurs, le thermosiphon, on arrivait à une grande économie de fumier ; je ne sais même si la proportion du fumier économisé n'a pas été positivement fixée. Il y a là une erreur, ou tout au moins une confusion qu'il importe de relever, afin d'éviter de faux calculs et des déceptions à ceux qui accepteraient cette donnée comme pouvant recevoir son application dans la culture des melons. Evidemment, M. Dumont-Carment a emprunté cette théorie à des auteurs qui ne sont jamais descendus jusqu'à la pratique.

En effet, on ne cultive pas les melons sur des couches artificielles, si je puis m'exprimer ainsi, c'est-à-dire sur des couches dans lesquelles n'entre pas un atome de fumier ; dans ce cas, l'appareil serait ainsi disposé : à l'extrémlté d'une bâche on place un thermosiphon, la bâche elle-même contient soit de la tannée, soit de la sciure de bois, soit telle autre matière convenable pour enterrer les plantes que l'on veut chauffer ; sous cette matière se trouve un plancher soit en bois, soit en fer, ce qui est préférable, percé de trous espacés carrément de 3 centimètres, afin de laisser passage à la chaleur fournie par les tuyaux du thermosiphon. Dans ce système il n'y a pas économie de fumier, il y a suppression totale du fumier.

Mais ce n'est pas ainsi que l'on procède pour la culture des melons de primeurs lorsque l'on a recours au thermosiphon. Dans ce cas on établit une couche purement et simplement sur laquelle on place des coffres en bois qui supportent les châssis ; seulement, comme il s'agit d'une première saison de primeurs et qu'alors, c'est-à-dire en janvier et février, on a à craindre l'humidité, la moisissure, à cause du défaut du soleil qui souvent reste voilé pendant plusieurs semaines, on a recours à l'emploi du thermosiphon ; non pas pour échauffer la couche et économiser du fumier, mais pour combattre l'humidité et permettre de bassiner les melons, ce que l'on ne pourrait faire si l'on n'avait pas le moyen de faire disparaître la couche d'humidité qui, en se fixant sur le vitrage, occasionnerait la coulure des fleurs. A cet effet, on place à l'extrémité de la couche un thermosiphon dont les tuyaux sont dirigés, non pas à l'intérieur de la couche ni dans le terreau qui la recouvre, mais immédiatement au-dessous du verre, de cette manière les tuyaux du thermosiphon sont employés comme assainissement et nullement comme moyen de chaleur.

J'espère que ces explications suffiront pour faire apprécier convenablement l'usage du thermosiphon pour la culture des melons.

Ces observations me paraissent donner place à un conseil puisé dans une expérience que j'ai faite personnellement. Je veux parler de l'hybridation artificielle des melons dont souvent on peut tirer avantage sous le double rapport de la précocité et de la beauté des fruits.

Ainsi, on conçoit facilement, et comme je viens de le dire, j'ai expérimenté moi-même, que si on laisse la nature exercer son action pour la fécondation des melons, il arrivera souvent que les melons montreront leurs fleurs fort longtemps avant de fournir les bonnes mailles destinées à devenir des fruits ; et, en effet, un melon ne peut nouer qu'autant qu'il a été fécondé ; or, si on laisse les choses marcher naturellement, il faudra, pour que la fécondation ait lieu, qu'une mouche soit venue butiner dans le calice d'une fleur pour transporter ensuite le pollen dans une autre fleur bien disposée pour recevoir la semence ; ou bien il faudra que le vent, soufflant dans la direction voulue, enlève le pollen de manière à le fixer précisément sur la fleur prédisposée à la fécondation.

Dans l'un comme dans l'autre cas, on comprend facilement que les conditions favorables peuvent se faire attendre, et par là même, le moment de la maturité des melons est retardée. Si, au contraire, dès que les melons sont en fleurs, alors qu'ils présentent des fleurs des deux sexes, l'on procède vers les 11 heures du matin, par une belle journée, à la fécondation artificielle, on est à peu près certain de gagner un temps précieux ; et il en résultera, en outre, cet avantage, que l'on récoltera de plus beaux fruits. En effet, lorsque l'on féconde artificiellement on a soin de choisir, pour porter le fruit, une fleur la plus rapprochée possible du collet de la plante ; ainsi placé le fruit reçoit plus facilement et plus abondamment la quantité de sève nécessaire pour une belle végétation. C'est ainsi que, par son intelligence et par ses observations, le cultivateur soigneux peut parvenir à seconder l'œuvre de la nature et à obtenir des fruits plus précoces et plus beaux.

DES CAMELLIAS, DES AZALÉES

ET

DES RHODODENDRONS

Messieurs,

Vous avez pu remarquer que dans les essais que j'ai faits pour traiter diverses questions d'horticulture, je me suis toujours placé à un point de vue pratique, et surtout que je me suis efforcé de présenter des résultats d'expériences qui pourraient être utiles aux horticulteurs et amateurs de notre Société.

Aujourd'hui, dans cette note, qui ne sera qu'une causerie écrite, je me propose de mettre en honneur certaines cultures trop négligées dans notre Picardie, et en même temps de démontrer que c'est à tort que la généralité de nos horticulteurs se borne à peu près exclusivement à la culture des plantes que l'on a l'habitude de nommer plantes molles.

Nos horticulteurs connaissent assurément leurs intérêts, et s'ils cultivent, avant tout, les géraniums, les fuschias, les pétunias, les marguerites, les résédas, c'est que ces plantes sont avantageuses pour le commerce ; c'est qu'ils en trouvent le placement facile et sûr, et qu'il est sage, de leur part, d'étudier les goûts de leur clientelle ; en cela je suis parfaitement d'accord avec eux, mais je ne puis les approuver sans faire de sérieuses réserves.

D'abord, leur dirai-je, si vous cultivez spécialement les géraniums, pélargoniums, fuschias, cinéraires, pétunias, verveines, pensées, etc., etc., il faut vous placer en tête, ou au moins au niveau de ceux qui s'occupent des mêmes spécialités ; il faut, dans ces divers genres, avoir des variétés d'élite, il faut hybrider, il faut semer, afin d'obtenir des variétés méritantes qui attirent chez vous, non-seulement les amateurs du Département, mais ceux de toute la France ; c'est ainsi que font MM. Demay, à Arras, Rendatler, Crousse, Lemoine, à Nancy, c'est ainsi que faisaient MM.

Baudouin et Miellay, à Lille, et par là on arrive à donner à son commerce une grande extension ; il a fallu pour cela beaucoup plus de soins que de dépenses. J'ajouterai que je ne comprendrai jamais que, du moment où les cultures dont je viens de parler exigent chez vous des bâches à multiplication, vous rejetiez, d'une manière à peu près absolue, les cultures de camellias, d'azalées et de rhododendrons. Cette exclusion provient évidemment de la conviction où vous êtes que ces trois genres ne pourraient vous procurer un bénéfice rémunérateur, ni trouver à se placer facilement.

Il y a là, à mon avis, deux erreurs que je voudrais bien parvenir à dissiper, en vous communiquant le fruit de mon expérience qui est déjà longue.

Une plante ne peut donner un bénéfice convenable quand sa culture est difficile ; quand elle exige, pour sa multiplication, une mise de fonds considérable, et que, par suite, on est toujours obligé de recourir aux intermédiaires pour satisfaire aux demandes.

Examinons donc attentivement s'il en est ainsi pour les trois genres que je recommande.

Les camellias demandent une serre tempérée qu'il suffit, dans les grands froids, de maintenir au dessus de zéro ; on doit tenir le feuillage propre et leur donner des bassinages par les temps chauds, les arroser avec mesure, c'est-à-dire largement pendant la floraison et pendant la période de végétation ; très-sobrement, au contraire, quand la sève est au repos. L'arrosement peut se faire en additionnant à l'eau pure un peu de bouze de vaches, deux ou trois fois pendant l'été. Quand les racines de la plante tapissent les parois du pot, on rempote dans des vases un peu plus grands, bien drainés et remplis de terre de bruyère sans mélange. Pour la multiplication on peut faire des boutures prises sur des camellias simples, les doubles réussissent beaucoup plus difficilement ; ou bien l'on achète en Belgique des sauvageons propres à la greffe au prix de 30 à 35 fr. le cent ; on greffe soit au printemps, soit à l'automne ; faites au printemps, les greffes prennent facilement et végétent immédiatement ; à l'automne les greffes sont faites à œil dormant, mais au printemps suivant elles fournissent leurs pousses souvent avec plus de vigueur que celles du printemps précédent. Les jeunes plantes, taillées et pincées convenablement, se ramifient, et, dès leur seconde année, forment des plantes qui peuvent donner trois ou quatre fleurs ; à la troisième année la plante aura 5 ou 6 fleurs, et dans le commerce on pourra la vendre 2 fr. 50 à 3 fr., suivant sa force et le nombre de ses boutons ; si la plante n'est pas vendue, ses fleurs pourront être utilisées avec avantage pour la confection des bouquets, qui deviendraient un commerce important pour Amiens, au lieu de les voir, pour le plus grand nombre, demander à Paris pendant la saison des bals.

Ainsi, voilà une plante qui serait d'une vente facile après vous avoir fourni des fleurs pour les bouquets et le prix de revient serait de 35 c. de première mise, à quoi il n'y a à ajouter que le prix des soins et de la terre de bruyère. Si un horticulteur avait 1,000 jeunes greffes à vendre chaque année en plantes de 3 ans, au prix de 2 fr. 50 l'une, il encaisserait 2,500 fr.; je ne sais pas si ses frais pourraient s'élever à 500 fr., donc il aurait 2,000 fr. de bénéfice net.

Notre département est déjà assez riche en amateurs qui cultivent les camellias, pour que les horticulteurs puissent facilement se procurer des greffes de bonnes variétés, j'en ai moi-même procuré à tous ceux qui m'en ont demandé.

Pour les azalées, la température de la serre doit être la même que pour les camellias, à moins que l'on ne veuille les forcer pour obtenir une floraison anticipée ; cela est quelquefois avantageux, non-seulement pour la vente, mais pour avoir des plantes propres à être mises pendant l'été en pleine-terre de bruyère, pour leur donner promptement une végétation vigoureuse.

Pour la multiplication, les azalées exigent bien moins de dépenses que les camellias, car, non-seulement on peut les greffer en placage ou en approche, mais il est extrêmement simple de les multiplier par boutures dont la reprise est des plus faciles. Pour cela, il suffit, dans le courant de l'été, de faire ses boutures au nombre de 5 ou 6 dans des godets de 5 centimètres ; quand les boutures ont racine, on les rempote séparément et au printemps suivant on les place sur une couche sourde recouverte de 15 centimètres de terre de bruyère; l'automne venu les plantes se sont bien développées, et au printemps suivant elles peuvent déjà être mises en vente.

Que vous dirai-je des rhododendrons qui, non-seulement font l'ornement de nos serres, mais sont mieux placés encore en pleine-terre, sans aucun abri l'hiver, pourvu que l'on ait soin de choisir les variétés rustiques dont les Anglais ont maintenant singulièrement augmenté le nombre. On les multiplie par la greffe appliquée sur le *ponticum* et on leur donne la forme que l'on désire, car nulle plante ne supporte mieux la taille que le rhododendron ; ainsi on peut le rabattre sans aucune précaution une fois la fleur passée ; il n'est nullement nécessaire, pour tailler, de se préoccuper des yeux, les plus fortes branches hardiment coupées donneront, sur vieux bois, naissance à de nouvelles pousses qui rajeuniront la plante et la reformeront complètement.

Au surplus, la recommandation qui est faite de tailler les rhododendrons, aussitôt après la floraison, s'applique également aux camellias et aux azalées ; toutes ces plantes rabattues quand la sève est en mouvement, reportent sans hésitation, tandis qu'il n'en est pas toujours de même lorsque l'on taille à l'automne, ainsi que cela se pratique souvent.

Voilà, Messieurs, des indications dont je voudrais voir essayer la pratique par quelques-uns de nos horticulteurs ; tout le monde, je le pense, y gagnerait, eux-mêmes d'abord, puis les amateurs qui trouveraient à se procurer des plantes ligneuses, solides et durables, au lieu de se borner à l'acquisition de plantes herbacées qui, pour la plupart, sont perdues après leur floraison ; ainsi en est-il pour les résédas, les cinéraires, etc., qu'il faut toujours renouveler, ce qui décourage l'amateur à qui il ne reste rien pour la saison suivante.

Je n'aborderai point ici le domaine de la science ; n'ayant d'autre but que de vous démontrer qu'il est du devoir de la Société d'horticulture de Picardie d'entrer, selon la mesure de ses moyens, dans la voie du progrès, je me hâte de revenir à la pratique, et puisque j'ai donné quelques indications sur la culture des camellias, des azalées et des rhododendrons, je me trouve amené à dire quelques mots de la terre qui convient à ces trois genres de plantes, qui forment le groupe principal dans celles que l'on est convenu d'appeler : plantes de terre de bruyère.

Sous le nom de terre de bruyère on désigne d'ordinaire une terre végétale dont la formation est due à l'accumulation naturelle de débris végétaux qui se décomposent lentement sous l'influence désorganisatrice des agents atmosphériques. On peut dire hardiment que cette substance est aussi importante pour l'art horticole que n'importe quelle matière première pour l'industrie manufacturière. C'est elle qui constitue la base des sols artificiels réclamés par la nature si variée des végétaux qui peuplent nos jardins et nos serres. Que l'on prenne le premier livre venu traitant du jardinage, partout on verra l'indication des divers soins de culture, accompagnée de la composition de la terre à employer, composition dans laquelle la terre de bruyère, ou du moins celle qu'on appelle de ce nom, entrera dans une part plus ou moins grande, très-souvent pour la plus grande part. Il est hors de doute que sans elle une foule de plantes parmi celles qui jouissent de la plus grande vogue devraient disparaître de nos collections.

Eh bien ! n'est-il pas étrange de voir qu'une matière si répandue, qui ne doit jamais faire défaut là où l'art des jardins est appelé à déployer ses richesses, n'est-il pas étrange de voir qu'une matière si indispensable est non-seulement mal connue, mais que son action est non moins fréquemment mal comprise ? Pourquoi ? parce qu'elle a été primitivement mal dénommée, et que de cette dénomination inexacte est résultée, dans la suite, une confusion à laquelle, il faut le dire, peu d'ouvrages horticoles périodiques ou autres ont pu échapper.

Je vais essayer de faire cesser cette confusion ; elle n'a été que trop longtemps, on peut en être convaincu, la cause d'erreurs et de mécomptes amers. Pour arriver à mon but, je considérerai attentivement l'essence et les qualités de la terre de bruyère proprement dite, comparée avec ce que l'on est convenu d'appeler terre de bruyère en Belgique, et qui n'est à proprement parler que du terreau de feuilles.

La terre de bruyère proprement dite est la couche superficielle du sol, épaisse de 8 à 15 centimètres, que l'on enlève dans les landes stériles et sablonneuses où les bruyères sauvages constituent pour ainsi dire toute la végétation. Cette couche est formée de terreau, ou, si l'on veut, d'humus résultant de la décomposition des détritus annuels de ces plantes, humus auquel vient se mélanger une portion variable de sable ; cette terre convient mieux à la culture quand elle est enlevée dans les parties sèches, car, dans les bas-fonds exposés à l'humidité, elle devient d'une nature tourbeuse, nuisible aux végétaux cultivés. En règle générale la terre de bruyère est peu fertile ; le plus souvent elle est très-sableuse et présente au plus haut degré les défauts des terres qui sont de cette nature. Employée pure, c'est-à-dire sans addition d'éléments plus nutritifs, elle ne convient qu'à certaines plantes d'une croissance très-lente.

La soi-disant terre de bruyère de Belgique n'a de rapport avec celle que je viens de caractériser rapidement, que par sa nature humeuse. Elle provient de la décomposition de feuilles dans les bois. Au point de vue de la culture elle se distingue de la terre de bruyère proprement dite, en ce qu'elle en a toutes les qualités ou du moins qu'on peut aisément lui donner celles-ci, sans en offrir jamais les défauts au même degré. Elle est bien plus riche en humus, et renferme, par conséquent, moins de sable ; celui-ci doit y être mélangé dans la proportion d'un tiers ou d'un quart pour les plantes cultivées en pot ; pour la culture en pleine-terre, la proportion de sable peut être moindre, surtout lorsque le terrain n'est pas d'une décomposition avancée.

L'introduction d'une certaine quantité de sable dans le terreau de feuilles, a pour effet de maintenir celui-ci dans un plus grand état de division et d'empêcher l'humus de s'agglomérer par suite du tassement et des arrosements. L'infiltration des eaux est ainsi rendue plus facile, le sol s'aère mieux et devient par là plus fertile. Il faut insister sur ce point, car il est parfaitement constant que, toutes autres conditions égales, la fertilité d'un sol s'accroît avec sa porosité. Et, en effet, cette fertilité n'est-elle pas en grande partie la conséquence de la décomposition plus ou moins rapide, sous l'influence de l'air et d'une humidité modérée, des matières nutritives que le sol renferme et de leur transformation en principes solubles ? Par conséquent, plus l'accès de l'air dans le sol est rendu facile, plus cette décomposition, cette transformation est active et plus le sol devient généreux, car l'air est un agent dont l'intervention est surtout nécessaire pour que la transformation des éléments fertiles en principes assimilables puisse s'opérer.

Il faut demeurer bien convaincu que les plantes de terre de bruyère ont une antipathie profonde pour les fumiers en général, même pour ceux d'une fermentation très-avancée, et sous ce rapport les camellias, les azalées et les rhododendrons doivent être rangés dans la même catégorie que les éricas. Donc pas de mélange

de terreau produit par la décomposition du fumier ; mais j'observe
que souvent il peut être utile de mélanger la terre de bruyère
proprement dite avec le terreau de feuilles ou terre de bruyère de
Belgique, je l'ai souvent pratiqué moi-même avec avantage par
cette raison, sans doute, que ce mélange, en réunissant des éléments plus variés, présente des conditions d'assimilation plus
favorables.

Je termine, Messieurs, cette dissertation, que vous trouverez un
peu longue peut-être, par cette conclusion, que partout où il y a
des bois on peut trouver en abondance et à peu de frais du terreau
végétal qui peut remplacer la terre de bruyère sans inconvénient,
pourvu que l'on ajoute du sable pur et aussi blanc que possible ;
c'est là une considération qui a une grande importance, car à
chaque instant il est question d'interdire l'entrée en France des
terres de bruyère de Belgique ; suivant toutes probabilités on n'en
arrivera pas de longtemps à cette mesure rigoureuse ; la Belgique comprendra qu'elle a un puissant intérêt, pour le bénéfice de
son horticulture marchande, à aplanir les difficultés de la culture
des plantes qui lui procurent une immense prospérité. En tout
état de cause, il nous sera toujours permis de conserver l'espoir
que les cultures des camellias, azalées et rhododendrons sont
appelées en France à un long et brillant avenir.

Puissé-je vous avoir amenés à partager mon opinion et à essayer
la culture de ces plantes qui, depuis 25 ans, font la fortune de la
ville de Gand.

NOTE

Nouvelle édition d'un ouvrage de M. Bleuvriss, traitant des fleurs de pleine terre.

La nouvelle édition de l'ouvrage de M. Bleuvriss, sur les fleurs de pleine-terre, vient de paraître, revue, corrigée et augmentée.

Ce livre fournit une description assez complète des plantes, pour donner une idée suffisante de leur port, de la conformation et de la couleur des fleurs, de la forme et de la dimension des feuilles ; pour permettre d'en apprécier l'effet de l'emploi. On trouve à la fin de l'ouvrage, sous forme de vocabulaire, en Anglais, en Allemand, en Espagnol, en Italien et en Portugais, les noms des principales plantes qui ont une dénomination dans ces différentes langues.

Ce sont surtout les plantes vivaces ou bulbeuses qui sont rustiques sous le climat de Paris, dont la culture est indiquée et recommandée. L'ouvrage contient quelques plans de jardins dans lesquels sont indiqués les divers massifs et leur succession, pendant le cours d'une saison, pour obtenir les aspects les plus agréables et les plus pittoresques ; c'est là seulement ce qui a entraîné les auteurs à figurer quelques-unes des plantes de serre que l'on rencontre le plus souvent dans les jardins de Paris et de ses environs.

L'amateur, par cet ouvrage, est guidé dans le choix des plantes suivant les effets qu'il veut produire, et un calendrier lui indique, mois par mois, la floraison des principales plantes décrites dans l'ouvrage.

Les gazons ne sont pas oubliés dans un livre qui deviendra indispensable pour tous ceux qui veulent orner un parterre, surtout quand il sera complété par un recueil qui formera un atlas de 800 gravures dans lequel on trouvera dessinée et gravée une plante au moins de chacun des genres décrits dans cet ouvrage.

Cette succincte analyse suffit pour donner une idée de l'importance de l'œuvre de M. Vilmorin, et pour lui concilier la sympathie de tous les amateurs d'horticulture.

CULTURE DE LA VIGNE

Protégée par des châssis, sans chauffage.

Messieurs,

Il serait superflu de rappeler ici que chacun de ceux qui veulent se livrer aux travaux de l'horticulture doit se préoccuper sérieusement de la nature du sol qui doit être exploité ; et qu'il faut approprier son terrain à la culture, non-seulement par l'emploi d'engrais convenables, mais le plus souvent par des amendements qui lui fournissent les éléments nécessaires pour obtenir de bons résultats. Je me contenterai de dire que si ce principe est d'une incontestable vérité en thèse générale, il rencontre surtout son application pour la culture de la vigne ; mais il est un point de vue sur lequel je veux spécialement attirer votre attention, par ce qu'il me paraît de la plus haute importance eu égard aux influences climatériques sous lesquelles nous sommes placés en Picardie ; je veux parler des conditions nécessaires pour que la vigne fournisse chez nous ses produits dans un état complet de maturité.

Personne de vous n'ignore que la vigne est originaire d'Asie et que par suite sa culture en vignoble n'est possible que dans les contrées limitées par le 48me ou le 49me degré de latitude ; plus au Nord le raisin ne mûrit que dans une bonne exposition contre un mur.

Vous voyez, Messieurs, que, placés en Picardie sous le 50me degré de latitude, nous ne pouvons obtenir de la vigne d'excellents produits, qu'à la condition de l'entourer des soins intelligents qui lui restituent ce que la nature nous a refusé.

Je n'entrerai ici que très-sommairement dans les détails de la culture de la vigne en espalier, à l'air libre, telle qu'elle est pratiquée par tous dans notre département, vous la connaissez aussi bien que moi ; mais je suis amené tout naturellement, par les réflexions qui précèdent, à vous donner le résultat de mes expériences, depuis 12 ans, sur la culture de la vigne protégée par une bâche, sans aucun chauffage. On peut affirmer, sans crainte d'être démenti, que, dans la plupart de nos jardins, le raisin mûrit d'une manière complète, tout au plus une année sur trois, et l'on en comprend facilement la cause quand on étudie avec un peu de soins les conditions climatériques sous lesquelles nous vivons. En effet, tout le monde sait que pour qu'un arbre puisse fournir une fructification satisfaisante, il faut que son bois, c'est-à-dire les nouvelles pousses, soit convenablement aoûté ; c'est alors seulement que l'horticulteur peut espérer une bonne récolte pour la saison suivante. Dès lors on est forcé d'admettre que pour bien préparer le bois de la vigne pour la fructification, il faut d'abord une première saison favorable, mais, même dans ce cas, on n'obtiendra rien si cette première saison n'est pas suivie d'un été dans les mêmes conditions.

On voit, par là, combien il est difficile d'avoir une excellente récolte de raisin sur nos treilles, puisqu'il faut, pour l'espérer, voir se succéder deux années dans les conditions nécessaires pour donner au raisin sa maturité complète.

Ces résultats bien étudiés m'ont conduit à faire construire, il y a 12 ans, une bâche à raisin d'environ 40 mètres de longueur, et depuis lors je n'ai jamais eu une déception.

Ma bâche, ou plutôt mes bâches, car j'en ai maintenant plusieurs, sont construites avec la plus grande simplicité, mais d'après un système qui permet de les changer de place avec une très-grande facilité, si l'on veut, après quelques années, laisser reposer la vigne ; j'observe, toutefois, que depuis 12 ans je n'ai jamais cessé de protéger les vignes plantées dans ma première bâche, et toujours j'ai obtenu le même succès, sans que la vigne ait dénoté par sa végétation un état de souffrance.

Les bâches à raisins doivent être placées à l'exposition du Levant ou du Midi ; elles consistent en un petit mur d'environ 30 centimètres de hauteur sur le devant, destiné à recevoir une partie vitrée droite, haute d'un mètre ; sur cette partie verticale vient s'ajuster un châssis qui, à sa partie supérieure, se fixe sur un mur d'environ 3 mètres de hauteur ; la largeur de la bâche est de 2 mètres ; cela peut varier, du reste, suivant la hauteur du mur de derrière, mais, autant que possible, on doit s'efforcer de donner aux châssis supérieurs une pente de 45 degrés.

Les châssis doivent s'ouvrir du haut et du bas à l'aide de crémaillères. Lorsque l'on veut construire une bâche à raisins, la première opération à faire ne consiste pas dans l'œuvre du maçon, du serrurier et du vitrier, mais dans la plantation des vignes qui doivent être renfermées dans la bâche, car il serait inutile d'avoir fait les frais d'une construction pour attendre trois ou quatre ans que la vigne soit en état de se mettre à fruit ; donc, avant tout, il faut planter ses vignes ; toutefois il serait bon d'élever immédiatement le mur du devant, afin qu'en creusant ses fondations par la suite, on ne vienne pas à mutiler les racines des plantes déjà en végétation.

Les vignes doivent être placées non-seulement sur le mur de derrière et espacées d'environ 60 cent., mais aussi sur le devant où l'on fera courir deux cordons à quelques centimètres de la partie verticale, sur des fils de fer fixés aux deux extrémités et garnis de roidisseurs ; de cette manière le produit de la bâche est presque doublé. Dans les bâches à raisins, comme celle que je recommande, qui ne sont pas des forceries, la vigne doit être rendue à l'air libre dès que la récolte du raisin est terminée, c'est-à-dire vers les premiers jours de décembre, avant les gelées, et c'est alors qu'elle obtient les conditions de rusticité qui lui permettent de supporter, pendant plusieurs années, sans souffrir, la protection de châssis, pendant la période de végétation. La vigne reste ainsi exposée aux influences atmosphériques jusqu'à l'époque où, suivant le terme accepté en horticulture, elle débourre naturellement. Dès que l'on s'aperçoit que le bourgeon blanchit et commence à grossir, il est temps d'enfermer la vigne sous le châssis, et comme cela a lieu à la fin de mars, ou au plus tard dans les premiers jours d'avril, elle se trouve garantie des gelées tardives, qui si souvent en arrêtent la végétation et compromettent la récolte des vignes restées exposées constamment à l'air libre.

Pendant le cours de l'été, les vignes sous bâches ont besoin non-seulement de bassinages fréquents pour activer la végétation et aider au développement du raisin, mais il est indispensable de leur donner trois ou quatre fois, pendant la saison, des arrosements extrêmement copieux. On doit observer que les bassinages doivent être complètement interrompus dès que la vigne se met en fleurs ; en les continuant, on serait à peu près certain de faire couler le raisin ; en effet, si le coulage à l'air libre est dû à plusieurs causes, l'une des plus déterminantes est assurément l'humidité résultant des pluies trop fréquentes, jointes à l'absence trop prolongée du soleil, ou encore à une température inconstante qui empêche les organes sexuels de s'ouvrir et d'acquérir leur complet développement. Il est facile de voir que ces divers inconvénients sont complètement évités dans la culture des vignes protégées sous châssis, et par la même, on est amené à affirmer, d'une manière à peu près certaine, que, sous la bâche à raisin, on obtient toujours une bonne récolte. Ce fait est acquis à l'expérience et s'explique très-naturellement quand on veut bien remarquer que, si d'un côté la vigne a parfaitement mûri son bois l'année précédente, et qu'au printemps on ait les moyens certains d'empêcher le raisin de couler, il n'y a plus de raisons qui puissent, dans les cas ordinaires, amener des déceptions pour les cultivateurs.

Après avoir indiqué sommairement les principales conditions que j'appellerai mécaniques, de la culture de la vigne sous une bâche vitrée, je dois entrer, avec quelques détails, dans les préceptes généraux qui doivent guider tous ceux qui veulent cultiver la vigne avec soin. Ces principes s'appliquent aussi bien à la culture à l'air libre qu'à celle sous châssis ; mais ils ont surtout leur importance pour ceux qui, ayant fait les frais de construction d'une bâche, ont le désir bien juste de tirer tout le parti possible de leurs dépenses, et qui, par cela même, sont disposés à donner à la vigne les soins dont elle est trop souvent privée.

Après avoir convenablement préparé le terrain à l'aide d'engrais et d'amendements, il faut procéder avec soin au choix des variétés que l'on doit planter. Sans entrer dans les nombreux développements que pourrait entraîner ce sujet, je me contenterai d'indiquer quelques-unes des variétés qui me paraissent les plus recommandables : en première ligne le *chasselas de Bar-sur-Aube*, qui est, sans doute, le type du chasselas de Fontainebleau, le *chasselas du Hamel,* le *chasselas Vibert*, le *chasselas Napoléon*, le *Froc Laboulaye,* le *Frankenthal,* le *Tokai des jardins;* je borne ici cette nomenclature qui pourrait devenir très-étendue, si l'on voulait essayer les variétés de muscats et de raisins à gros grains.

La saison la plus favorable pour planter la vigne est l'automne, car, ainsi que pour tous les végétaux ligneux à feuilles caduques, l'humidité et l'absence de grand soleil favorisent la reprise des plants qui, même pendant l'hiver, développent des radicelles ; la vigne doit être plantée peu profondément, car il est reconnu que la mise à fruit des ceps est en raison directe de leur enfoncement dans le sol; ainsi, plus on plante profondément, plus la fructification se fait attendre. La chevelée doit être rabattue à deux yeux au-dessus du sol.

Pour la disposition d'un espalier soit à l'air libre, soit sous bâches, il y a plusieurs systèmes, celui des cordons verticaux, celui des cordons horizontaux ; dans l'un, comme dans l'autre, la distance qui paraît la plus convenable entre les ceps est de 0,60 cent.; si l'on s'en rapporte à notre expérience personnelle, on adoptera les cordons horizontaux suivant la combinaison recommandée par M. Rose Charmeux.

On taille généralement la vigne en février jusqu'au 10 mars, cependant plusieurs auteurs, en tête desquels se placent MM. Olivier de Serres et le comte Odart, soutiennent qu'il est préférable de tailler la vigne avant les grands froids, dès le mois d'octobre, afin d'éviter la déperdition de la sève dans les sarments qui doivent être supprimés ; ils vont même jusqu'à prétendre que la vigne taillée en octobre est moins susceptible d'être gelée.

Je n'entrerai dans aucun détail sur la taille de la vigne, qui est suffisamment connue ; elle donne lieu cependant encore à de nombreuses discussions, ne serait-ce que sur la culture à longs bois et surtout sur l'inclinaison de quelques centimètres au-dessous de l'horizontalité ; je me contente d'indiquer ces divers procédés.

On doit supprimer avec grand soin les vrilles qui absorbent la sève de la plante.

L'incision annulaire a de nombreux partisans ; plusieurs, d'un autre côté, la combattent énergiquement ; ce qui est certain, c'est qu'elle a pour résultat le grossissement des grains, et qu'il n'est pas juste de dire qu'elle affaiblit les ceps, car elle n'a lieu, le plus ordinairement, que sur des parties qui doivent être supprimées, quand elles ont donné leur fruit.

Dans la culture des espaliers à l'air libre, on éprouve souvent, aussi bien que dans les vignobles, la déception de voir couler le raisin ; l'une des causes déterminantes de la coulure est la non fécondation des fleurs, dont j'ai indiqué déjà les causes diverses dues, la plupart du temps, aux phénomènes extérieurs qui ne sont autres que les variations de température. Cet inconvénient est toujours évité dans la culture de la vigne protégée par des châssis; en effet, il est alors facile de préserver la vigne pendant les temps froids, en s'abstenant d'ouvrir les châssis ; par là même on concentre la chaleur dans la bâche, de manière à ne pas interrompre l'action de la végétation ; en second lieu, et c'est là l'un des points les plus importants, lorsque la vigne se met en fleurs, on supprime complètement les bassinages jusqu'à la formation des grains, et ainsi on évite la coulure qui résulte si souvent, à l'air libre, des pluies pendant la floraison de la vigne.

Tous ceux qui cultivent la vigne, mais surtout ceux qui font les frais d'une bâche à raisins, éprouvent le désir bien naturel d'obtenir de beaux grains et, autant que possible, que ceux-ci soient égaux ; pour arriver à ce résultat, il est nécessaire de ciseler en temps opportun ; c'est-à-dire de couper avec des ciseaux une certaine partie des grains, naturellement choisis parmi les plus petits, et là où ils sont le plus serrés, de manière que ceux qu'on laisse n'étant pas gênés prennent un plus grand accroissement, parce que l'air et la lumière les frappant de toutes parts, ils se développent plus facilement, mûrissent mieux et acquièrent plus de qualités. L'époque la plus favorable pour le ciselage est celle où le raisin, à l'état de verjus, va commencer à éclaircir; souvent aussi, pour obtenir de très-beaux raisins, on supprime l'extrémité des grappes lorsqu'elles sont très-longues. Le ciselage a de plus l'avantage d'avancer la maturité du raisin et contribue ainsi, dans une certaine mesure, à fournir d'excellent raisin vers le commencement d'août, dans une bâche sans aucun chauffage.

L'effeuillage est encore l'une des opérations recommandées, mais qui doit se pratiquer avec beaucoup de prudence et en temps utile, car s'il était fait prématurément et sans procéder successivement, on risquerait de faire durcir le raisin en arrêtant son développement.

Il arrive très-fréquemment que l'on considère une vigne comme usée parce qu'elle pousse très-peu, qu'elle ne produit que des sarments courts et grêles, et alors on arrache la plante pour la remplacer par une chevelée qui ne présentera une récolte complète qu'au bout de 4 ou 5 ans. Il y a là une erreur et une perte de temps; il me sera facile de le démontrer.

Si la vigne a été plantée soigneusement dans le terrain argilo-calcaire qui lui convient, la durée de sa vie sera, pour ainsi dire, sans limites ; seulement il arrivera un temps où sa végétation pourra devenir insuffisante et nulle, aussi bien que son produit ; alors il ne faut pas cependant l'arracher, parce qn'elle n'est pas usée dans son entier, mais tout simplement dans sa tige qui est trop lignifiée, de sorte que la sève circule très-difficilement. Si alors on coupe près de terre l'un de ces ceps dits usés, il repousse la même année de plusieurs mètres, quelquefois même de trois, quatre mètres et plus.

Je viens de dire que le vigne demande à être plantée convenablement et qu'elle affectionne les sols argilo-calcaires, je vais m'expliquer sur ces deux points assez clairement pour ne pas laisser d'équivoques.

On peut dire, en thèse générale, que la vigne n'a pas besoin d'engrais ; l'emploi du fumier a pour résultat l'affaiblissement de la qualité du raisin, c'est-à-dire la diminution de ses principes sucrés ; qui n'a vu des vignes vigoureuses et fournissant une abondante récolte dans des cours pavées, dans un sol recouvert de dalles, là où évidemment elles ne reçoivent jamais aucun engrais ? Il est démontré que la qualité du raisin est inférieure, chez les vignes jeunes, à celle fournie par les vieilles vignes, et la raison en est simple, cela provient de ce que les vieilles vignes ayant eu le temps d'enfoncer profondément leurs racines, l'action du fumier déposé à la superficie du sol devient presque nulle pour elles ; tandis qu'il agit fortement sur les racines encore à fleur du sol des jeunes vignes. Il reste établi, toutefois, que, lors de la plantation, il est utile que la terre ait reçu une quantité suffisante d'engrais, non pas répandu partiellement et déposé seulement au pied de chaque vigne, mais enfoui d'une manière générale dans la terre destinée à une plantation ; toutefois, même dans ce cas, il faut dire que lorsque l'on mettra des engrais dans un sol, la dose devra être en raison inverse de la richesse du sol.

Les amendements, que l'on a souvent le tort de confondre avec les engrais, sont appelés à rendre de très-utiles services, et je ne puis m'abstenir d'en dire quelques mots afin de faire saisir la différence et d'apprécier les effets de ces deux choses qui sont parfaitement distinctes.

Les amendements agissent, si je puis m'exprimer ainsi, mécaniquement, les engrais ont une action chimique, les engrais semblent agir plus directement en communiquant au sol des propriétés fécondantes immédiates ; les amendements agissent plus indirectement, en ce qu'ils modifient d'abord la nature physique du sol qui acquiert alors des propriétés particulières, d'où le nom amender, c'est-à-dire corriger (rendre meilleur.) Pour la culture de la vigne comme pour l'agriculture, on amende un sol en y ajoutant l'élément qui y manque ou qui s'y trouve en quantité insuffisante.

Les avantages du soufrage de la vigne sont aujourd'hui trop généralement reconnus pour qu'il soit utile de le recommander et d'indiquer les moyens employés pour le répandre sur la vigne, à deux ou trois reprises.

Je m'arrête, Messieurs, pour ne pas fatiguer trop longtemps votre attention, car je suis effrayé moi-même de la longueur de mes indications, et cependant, vous le remarquerez assurément, il est plusieurs points importants de la culture de la vigne que je n'ai fait qu'effleurer bien superficiellement ; dans ce travail, comme dans tous ceux que j'ai essayés sur d'autres spécialités de culture, je me suis, avant tout, fait une loi de me renfermer dans le cercle des notions pratiques, et je m'estimerai heureux si mon expérience peut être utile à ceux qui suivent les travaux de notre Société d'horticulture.

COMPTE-RENDU

De l'ouvrage sur les Fougères.

Depuis longtemps la mode s'est prononcée en faveur des plantes qui se recommandent par le brillant coloris de leurs fleurs et par la beauté de leur feuillage ; mais il est bien certain que les véritables amateurs ne borneront pas leurs prédilections à celles qui se distinguent par de remarquables panachures et qu'ils rechercheront avec un égal empressement celles qui charment les yeux par l'élégante découpure de leur feuillage. Sous ce rapport, les fougères sont appelées à jouer un grand rôle pour l'ornementation de nos serres et de nos jardins.

L'ouvrage que vient de publier M. Rotschild, avec la collaboration de MM. Rivière, André et Rose, deviendra un excellent guide pour le choix de ces plantes, pour la culture qu'elles réclament et pour le parti que l'on en peut tirer dans les serres ou à l'air libre.

L'auteur a eu l'heureuse idée de rompre tout ordre systématique dans la description des fougères et de rassembler les espèces en trois groupes, d'après la température qu'exige leur entretien.

On compte, aujourd'hui, plus de 3,000 fougères connues, et dans ce nombre ne figurent pas les 250 espèces fossiles dont les savants paléontologistes ont recueilli les fragments et rétabli l'histoire antédiluvienne.

Les fougères sont des plus reconnaissables à leurs *facies* parmi toutes les autres familles ; elles impriment à la végétation des contrées où elles abondent le sceau d'une élégance et d'un charme remarquables. Dans les zônes tropicales, comme dans les forêts qui nous entourent, partout elles offrent cette contexture fine et charmante et cette distinction de formes qui les placent au premier rang dans les paysages de la nature et dans le jardinage d'ornement.

Ces fougères présentent deux caractères principaux : d'abord, leurs racines, au lieu d'être pivotantes et ramifiées, sont fibreuses et peu durables ; elles se détruisent et se succèdent perpétuellement sur la souche, et, en second lieu, dans l'état que l'on nomme en botanique la préfoliation, les feuilles ou les frondes sont recourbées en crosses qui se déroulent successivement de bas en haut.

Les feuillages affectent diverses formes, mais la couleur dominante est le vert; très-peu offrent des couleurs variées, quelques-unes cependant, d'introduction récente, ont le feuillage panaché.

Les fougères préfèrent, en général, les endroits sombres et humides aux lieux secs et vivement éclairés; par suite de cette disposition, on a pu remarquer que, dans le climat brûlant de l'Afrique, on ne trouve pas une fougère pour 800 autres espèces, tandis qu'en Angleterre la proportion est de 1 pour 35.

Les indications succinctes que je viens de résumer fournissent, dans l'ouvrage, d'assez longs développements; puis on arrive à la division des tailles que l'on peut classer en trois catégories au point de vue de l'effet pittoresque et ornemental; les arborescentes, les buissonnantes et les herbacées.

Dans la zône torride on voit des fougères en arbre atteindre jusqu'à 17 mètres de hauteur. Les anciens avaient été frappés par la forme des feuillages semblables aux plumes des oiseaux, et ils avaient appelé les fougères Pteris (aile), en souvenir de cette disposition. Les fougères en arbre ressemblent à des palmiers; mais leur tronc est moins élancé et moins raboteux, leur feuillage, plus délicat, est transparent et légèrement denticulé sur les bords.

Les fougères buissonnantes et herbacées, qui se touchent par de nombreux points de ressemblance, nous offrent les espèces qui forment la grande majorité du genre.

La culture des fougères de plein air pourrait, comme l'a dit M. Naudin, comprendre deux groupes principaux : les fougères némorales et les fougères tropicales, c'est-à-dire les fougères qui aiment l'ombre des bois, et celles qui croissent sur les rochers. On doit disposer au Nord celles qui, venant des profondeurs des bois, craignent le moindre rayon de soleil, et au Midi celles qui vivent au grand air sur les rochers de nos montagnes. Il est impossible de suivre ici l'auteur dans la nomenclature qu'il donne des espèces qui peuvent être utilisées dans l'une ou l'autre situation.

Les fougères de serre sont beaucoup plus nombreuses que celles qui peuvent se contenter de la pleine-terre; toutefois, on commet trop souvent l'erreur de croire que toutes les fougères étrangères réclament la serre chande, parce que l'on ne songe pas assez que si bon nombre d'entr'elles habitent les pays du soleil, leurs stations sont fréquemment à des altitudes qui les identifient avec nos climats tempérés, les *alsophyla*, *australis* et *excelsa* sont si solides qu'on peut les transplanter dehors en pleine-terre pendant l'été; elles y prennent des forces et préparent pour l'hiver suivant une remarquable végétation. Un grand nombre d'espèces supportent facilement les abaissements de température habituels aux bruyères et aux camellias.

Les fougères tropicales offrent un domaine immense, et il faut même renoncer à faire l'énumération des espèces qui peuvent devenir la parure de nos serres chaudes, en même temps qu'elles fournissent un précieux élément de décoration pour les appartements.

Pendant longues années, on caractérisait ces fougères en les qualifiant de plantes sans tige, sans fleurs et sans feuilles; c'était là une erreur qui n'a pu subsister devant des observations sérieuses, et il est maintenant admis que ces plantes présentent non-seulement une tige, des fleurs et des fruits, mais, en outre, des graines dans ces fruits.

Chez les fougères la tige a pris le nom de Stipe (du latin *Stipes* tronc); quand elle est arborescente, de Caudex (du latin *Caudex* souche); lorsqu'elle est très-peu élevée au-dessus du sol, du Rhyzôme (du grec *Rhyzóma* racine); lorsqu'elle trace sur la terre ou produit des jets souterrains; de même on a appelé Fronde (du latin *Frons* feuille), ce que les anciens considéraient comme une feuille véritable, bien qu'elle s'en distingue parfaitement en ce que la fronde n'a jamais, comme la feuille, de bourgeon à sa base.

Toutefois, les graines des fougères, n'étant pas constituées comme celles des végétaux supérieurs, devaient être désignées sous un nom différent, on les a appelées Spores (du grec *Spora* semence, graine), et par suite les fruits qui les renferment Sporanges.

Lorsque l'on a fait des semis pour lesquels l'auteur donne de précieuses indications, il faut bien se rappeler que l'intervention de l'eau est nécessaire à la fécondation; si ce soin était négligé tous les semis avorteraient.

Les fougères se plaisent généralement dans les détritus provenant de la décomposition des végétaux en raison de leurs racines fibreuses ; il est donc nécessaire de préparer pour leur culture une composition spéciale. La terre de bruyère tourbeuse , divisée grossièrement, est celle que l'on devra choisir de préférence , on doit la mélanger avec du terreau de feuilles et une certaine quantité de charbon de bois pulvérisé.

L'auteur, après avoir donné les principes de la culture , les fait suivre d'une nomenclature assez nombreuse des variétés les plus remarquables des fougères que l'on doit placer en serre chaude ; passant ensuite aux espèces à cultiver en serre tempérée, il recommande spécialement les *dicksonia antarctica* (ou *balantium*), *l'alsophyla australis*, la *cyathea dealbata*, les *cibotium*, et surtout le *woodwardia radicans*, dont il donne un dessin d'après nature, pris dans une des serres du jardin du Luxembourg; il offre également ment une nomenclature des fougères de serre tempérée.

Une observation importante à faire , c'est que ces fougères arborescentes émettent, dans toute l'étendue de leur stipe ou tronc, une quantité de racines adventives qui forment une couche plus ou moins épaisse ; pour obtenir de ces plantes une luxuriante végétation, il faut entretenir leur tronc constamment humide par des bassinages journaliers, sans préjudice des arrosements qui doivent être fréquents, mais cependant donnés avec discernement.

Les espèces de plein air permettent de former des massifs que l'on nomme fougeraies, et dans lesquelles ces belles plantes, par leurs formes élégantes, se prêtent merveilleusement à la décoration des jardins.

Les fougères cultivées en plein air peuvent, sous notre climat, supporter les hivers les plus rigoureux ; il en existe un grand nombre d'espèces ou variétés, toutes plus jolies les unes que les autres. En général, elles préfèrent une exposition légèrement ombragée.

Le résumé succinct que je viens de faire de l'ouvrage sur les fougères, publié par M. Rotschild, aidé de ses savants collaborateurs, suffira, je l'espère, Messieurs, pour vous donner, de sa valeur et des services qu'il est appelé à rendre, une idée satisfaisante et déterminera assurément les amateurs de ce beau genre à faire l'acquisition d'un livre écrit consciencieusement et avec un talent remarquable.

Je n'ai eu , pour mon compte , dans le travail que je viens de vous présenter, qu'un mérite, c'est celui de choisir, parmi beaucoup de notions intéressantes, celles qui m'ont paru les plus importantes; cette tâche m'a été rendue d'autant plus facile, que, cultivant moi-même les fougères, depuis bien des années, j'ai été à même d'apprécier l'excellence des conseils donnés pour leur culture. Je ne dois pas oublier de dire, en terminant, que l'ouvrage contient un très-grand nombre de gravures des fougères les plus remar-quables, et que l'on peut alors, mieux que par toutes les descrip-tions, se faire une juste idée de leur mérite.

CONGRÈS SCIENTIFIQUE DE FRANCE

34ᵉ Session. — Amiens 1867.

ÉTUDE

SUR LES

VÉGÉTAUX & SUR LEUR NATURALISATION

Lue, dans les Séances publiques des 4 et 5 Juin 1867.

Messieurs,

Lorsque vous avez invité la Société d'horticulture de Picardie à prendre part à un congrès organisé dans le but de réunir en un seul foyer de lumières toutes les intelligences qui se sont créé un nom éminent dans la science, assurément, il est entré dans votre pensée, non-seulement d'augmenter le nombre des auditeurs de vos savantes leçons, mais vous avez voulu encore rechercher si, dans cette Société, il ne se rencontrerait pas quelques hommes assez préoccupés du désir de s'instruire pour essayer l'étude de certaines questions horticoles qui touchent de très-près à la science.

Il est bien téméraire à moi, sans doute, simple amateur d'horticulture, d'oser élever la voix au milieu de ces grandes assises scientifiques ; il est bien présomptueux, de ma part, de venir prendre place à côté de ces hommes profondément érudits qui vont traiter les questions les plus sérieuses ; à côté de ceux qui vont vous donner la solution des problèmes dont, jusqu'à ce jour, les obscurités n'avaient pu être dissipées ; mais une chose vient me rassurer, c'est la bienveillance reconnue de toutes les supériorités lorsqu'elles se trouvent en présence d'un homme animé de la bonne volonté de se rendre utile ; vous ne dédaignerez pas de raffermir son courage, dans la pensée qu'il sera bon, peut-être, qu'à côté des questions capitales, à côté de ces sujets qui absorbent les esprits les plus graves, il se place quelques considérations d'un ordre moins sérieux, qui offrent un intermède et un repos pour disposer d'autant mieux les intelligences à suivre d'autres travaux d'une plus grande importance.

L'horticulture n'est plus ce qu'elle était autrefois, c'est-à-dire une aveugle routine qui tournait constamment dans un seul et même cercle composé de plantes qui, pour la plupart, croissaient spontanément dans notre climat ; ce cercle s'est considérablement élargi aujourd'hui ; il est maintenant si vaste et si étendu, il embrasse tant de genres de végétaux différents et tant de végétaux de différents pays et de différentes latitudes, que l'art du jardinage repose sur une base essentiellement scientifique.

En effet, toutes les sciences lui viennent en aide, les sciences physiques et chimiques, comme les sciences naturelles ; mais celle qui domine toutes les autres par

ses qualités essentielles, celle qui est la base de toute
culture, c'est bien réellement la science botanique avec
ses théories, ses faits, ses hypothèses et ses lois. C'est
sur l'observation physiologique des faits que repose la
science horticole; aussi, pour prétendre de nos jours au
rang d'un véritable amateur d'horticulture, il faut en comprendre les merveilles, il faut posséder quelques notions
du mécanisme de la vie des végétaux, des mystères de
la nutrition et de la fécondation, et pouvoir se rendre
compte des phénomènes de la respiration, du sommeil et
du réveil des plantes; il faut surtout être renseigné
sur leurs stations et leurs habitations et connaître spécialement les lois suivant lesquelles elles sont distribuées
dans les diverses régions du globe.

Toutes les sciences naturelles s'enchaînent et s'entr'aident, l'horticulture obéit à cette loi universelle;
elle tire un grand parti des études de l'astronome et
des patientes recherches des chimistes; mais la flore
spontanée et les importations des climats tempérés ne
suffisent plus à nos besoins, il nous faut les splendeurs
des tropiques et de l'équateur, de l'Asie et des archi-
pels du Sud.

Pour nous, la Californie envoie les conifères géants,
l'Australie ses arbres aromatiques, le Japon ses camellias, le Cap de Bonne-Espérance ses bruyères, le Brésil
ses orchidées, l'Himalaya ses rhododendrons; les
plantes de serre chaude cultivées en plein-air, sous notre
climat inhospitalier, sont devenues un luxe nécessaire
comme les jardins fruitiers, dirigés par les préceptes
raisonnés de la taille, sont devenus obligatoires; l'hor-

ticulture ainsi comprise a pris sa place parmi les choses
de première nécessité, et, comme toutes les grandes
choses, aussi, elle a ses passions, ses polémiques et ses
orages.

Quoiqu'il en soit, d'immenses progrès se sont accomplis dans la science horticole depuis 50 ans ; l'art des
jardins s'est élevé, de notre temps, à un degré de
vérité, de perfection, qui lui assure une place considérable dans l'histoire du XIX\u00b0 siècle. Les préceptes qui
nous guident aujourd'hui, tirés des plus saines et des
plus vraies indications de la nature, sont destinés à
vivre et à s'épurer constamment sans changer de principes. Les systèmes des hommes changent, les lois
naturelles sont immuables, et quiconque s'en inspire
approche de la véritable expression du beau ; la nature,
dans sa variété, nous offre une profusion de ressources
que la plus brillante imagination ne saurait atteindre ;
son harmonieuse diversité se prête aux plus merveilleux effets, il ne s'agit pour nous que de choisir les
meilleurs modèles et de nous emparer des conquêtes les
plus en rapport avec nos goûts et avec les exigences
de notre climat.

Parmi les caprices inconstants il se glisse parfois des
passions durables inspirées par des causes plus élevées
que ce besoin continuel de changements inhérent à
l'humanité, et qui se traduit par les fluctuations de la
mode. Ces belles choses n'ont pas d'âge et sont toujours
en faveur auprès des hommes de goût.

C'est dans cette inspiration que les plantes à beau
feuillage ont trouvé les motifs de l'adoption dont elles

sont l'objet déjà depuis bien des années ; on a vu que
les fleurs n'avaient pas seules la royauté de nos jardins,
et que la décoration végétale pouvait puiser des éléments précieux dans la forme, l'élégance et les coloris
si divers des feuillages ; c'est ainsi que les plantes exotiques, arrachées aux contrées tempérées et brûlantes
des deux hémisphères, et asservies, par une culture intelligente, à nos goûts et à nos plaisirs, sont venues
ajouter au paysage un ornement jusqu'alors inconnu.
Le mélange ou l'isolément des espèces, l'harmonie ou
l'opposition de leurs nuances et de leurs formes, sont
autant de secrets dont l'homme de goût seul sait trouver
la clef et se servir avec bonheur.

Jusqu'en ces derniers temps, la couleur était le caractère saillant dont on tenait compte dans le groupe-
ment des végétaux, à l'exclusion presque totale de la
forme, dont cependant les jardiniers, véritablement
artistes, ont toujours admis, théoriquement du moins,
l'importance ; et pourquoi la forme serait-elle, moins
que la couleur, propre à créer dans le paysage cette
riche variété qui seule peut charmer l'œil et sans laquelle les plus grands jardins nous paraissent insigni-
fiants et monotones ? L'application avantageuse qui a
été faite de ces principes aux travaux considérables
qui ont été exécutés dans nos parcs et squares de Paris,
et où l'emploi d'un grand nombre de plantes à feuillage
ornemental a été couronné du meilleur succès, a puissamment contribué à la répandre dans le domaine public.

Comme on le voit, ce progrès, car pour tous ceux qui
considèrent l'horticulture sous un point de vue élevé,

artistique, cette importance de plus en plus grande que l'on attache au port, à l'habitus, à la forme des végétaux, constitue un véritable progrès ; ce progrès, disons-nous, n'est pas dû à un caprice momentané de la mode ; on peut l'attribuer en grande partie à l'introduction, dans nos cultures, d'une foule de plantes exotiques aux formes nouvelles, tantôt majestueuses, tantôt étranges, toujours pittoresques ; toutefois, il nous paraît incontestable que les chefs-d'œuvre modernes de l'art du jardinier y ont contribué pour une très-large part.

Par suite de l'extension que les cultures d'ornement ont prise, les amateurs ont aujourd'hui le goût moins exclusif qu'au commencement de ce siècle, et si l'on rencontre encore, par ci par là, quelques collectionneurs pour lesquels rien n'est beau dans la création, hors de la spécialité à laquelle ils ont voué toutes leurs affections, il n'en est pas moins vrai que la grande majorité des admirateurs de la nature préfère le spectacle magnifique de ses œuvres dans leur immense variété.

D'ailleurs, nos découvertes journalières semblent aller au devant de cette soif insatiable de nouveautés qui distingue notre époque.

Ces considérations m'entraînent très-naturellement à parler de l'acclimatation des végétaux qui n'ont pas spontanément pris naissance en Europe, et qui n'y sont conservés qu'à l'aide des procédés de la nature sérieusement étudiés. Mais avant d'aborder le fond de la question, il y a lieu de faire observer, en thèse générale, que lorsqu'une discussion s'engage le premier soin à prendre est de clairement définir les mots, afin que, s'il y a divergence dans les idées, il y ait au moins accord parfait sur la signification des termes employés pour les exprimer. Il serait à souhaiter que souvent il en fût ainsi dans le langage horticole, pour éviter la confusion aussi bien dans le fond que dans la forme.

Je n'ai nulle intention de me mêler au débat trop prolongé qui s'est ouvert dans les diverses publications horticoles, au sujet de la nomenclature latine des plantes; il me sera cependant permis de dire, en deux mots, que la science est de tous les pays, et qu'il est sage de recourir à elle quand on doit s'entendre avec ceux qui parlent des langues différentes; s'il faut conserver à chaque plante, et dans chaque contrée, son appellation usuelle, il est trop heureux que pour celles qui ont acquis une certaine renommée, la science intervienne pour les qualifier d'une manière qui puisse être comprise par tous, qu'ils soient Français, Anglais, Allemands, Espagnols ou Italiens; sous ce rapport on ne remplacera jamais utilement, par aucune autre, la dénomination latine.

Après cette courte digression, je me hâte de faire observer que fort souvent, en horticulture, on emploie le mot acclimatation dans un sens qui n'est pas juste, et il importe de protester contre cette expression qui, appliquée aux végétaux dans son sens réel, est complètement fausse.

Acclimation ainsi entendue semblerait impliquer l'idée qu'une plante, transplantée d'un pays dans un autre, pourrait changer de tempérament et s'habituer progressivement aux conditions nouvelles dans lesquelles on la place ; cela peut s'appliquer aux animaux, lesquels sont susceptibles, vu leur nature plus flexible, de se plier à des conditions climatériques très-différentes de celles dans lesquelles leur espèce vit et se développe, mais il faut établir bien nettement que l'emploi du mot acclimatation, adapté aux végétaux, rend une idée inexacte et de nature à jeter la confusion dans les esprits ; c'est introduction ou naturalisation qu'il faut dire, si l'on veut conserver à la chose que l'on veut exprimer sa véritable signification.

J'ai lu dernièrement qu'en Norwége, si j'ai bonne mémoire, le poirier s'était successivement acclimaté. Ce qui autoriserait à croire que le poirier s'était plié au climat de la Norwége ; eh bien, c'est là un fait assurément erroné ; la vérité est que le poirier a pu croître dans certaines conditions sous le climat de la Norwége, qu'il a pu s'y naturaliser, peut-être même des variétés nouvelles ont-elles pu se produire, variétés qui se sont mieux adaptées à de nouvelles conditions climatériques.

Certaines plantes peuvent parfaitement être cultivées avec fruit sous des latitudes différentes de celles où elles ont vu originairement le jour ; mais avec cette réserve, bien entendu, que les nouvelles conditions climatériques sous lesquelles on les place ne soient pas contraires à leur nature. Pour essayer, avec chances de succès, l'introduction de plantes nouvelles, surtout lorsqu'on les destine à la culture à l'air libre, il faut comparer la conformation des continents, la prédominance des vents, l'exposition générale, le voisinage ou l'éloignement des grandes mers, toutes les causes enfin qui ralentissent ou accélèrent le refroidissement relatif aux latitudes. Des genres ou des espèces de plantes douées de formes caractéristiques apparaissent ou disparaissent et impriment à la flore de certaines provinces une physionomie particulière; on trouve donc, quand on y regarde de près, des limites appréciables entre les zônes contiguës et on s'aperçoit aussi qu'elles correspondent assez bien aux classifications que l'expérience a fait admettre en horticulture.

On discerne mieux encore la valeur de ces rapprochements quand, au lieu de considérer les latitudes, on envisage aussi l'altitude des lieux, cause non moins déterminante et cause tellement puissante, qu'elle met, pour ainsi dire, sous nos yeux, dans un espace restreint et comme dans un magique panorama, la succession de tous les climats du globe. Ainsi, au lieu de voyager de l'équateur au pôle, si l'on vient à gravir une haute montagne, chose digne d'attention, la distribution des plantes nous apparaît dans le même ordre, soit en suivant l'échelle thermométrique des altitudes, soit en considérant les divers degrés de latitude, et nous pouvons observer, dans les deux hypothèses, les productions végétales qui correspondent à toutes les zônes caractéristiques ; cela s'explique très-naturellement, car on sait que plus on s'élève dans l'atmosphère, plus la température s'abaisse, et cet abaissement est si rapide, qu'une ascension de quelques minutes en ballon, ou de quelques heures sur une montagne, suffit pour faire passer par tous les degrés de température, depuis 20 ou

30 degrés de chaleur jusqu'à 10 ou 20 degrés au-dessous de zéro, dans les hauteurs de l'atmosphère.

Quelle que soit la cause déterminante d'un climat, la
physionomie des végétaux qu'il produit spontanément
est en parfait accord avec lui : si l'on trace des zônes
de latitude et des zônes d'altitude de température à peu
près équivalentes, leur population végétale aura des
formes et des dimensions peu différentes, et on pourra,
grâce à l'esprit d'observation, soit dans nos serres, soit
à l'air libre, leur restituer les conditions que la nature
leur a fournies dans leur pays natal : on voit que nous
arrivons ainsi aux conséquences pratiques.

Mais nous ne pouvons espérer obtenir en quelques
années, par l'acclimatation, ce que la nature n'a établi
elle-même que progressivement ; il ne faut pas perdre
de vue qu'aux époques primitives un climat plus chaud
régnait sur le globe entier ; des formes de plantes qui
ne se trouvent plus actuellement que dans les zônes
tropicales, étaient répandues sur toute la terre ; les
végétaux qui fournissaient alors l'ombre à la terre,
offraient des dimensions gigantesques, les plantes herbacées elles-mêmes étaient hautes comme des arbres.

La science, par ses persévérantes recherches, a retrou-
vé la trace d'une infinité d'espèces végétales de cette
époque, mais il est constaté qu'aucune d'elles n'est
parvenue jusqu'à nous avec ses dimensions primitives,
et que la plupart n'existent plus. Il en a été pour les
plantes comme pour les animaux dont les espèces ont
disparu pour faire place à des espèces nouvelles.

Toutefois, si la nature a paru renier quelques-unes de ses créations, elle a voulu en conserver les spécimens dans ses archives, et les couches superposées qui forment l'enveloppe de la terre contiennent tout un musée rétrospectif de végétaux et d'animaux à l'état fossile; ils y sont disposés dans leur ordre d'apparition, les plus récents vers la surface, les plus anciens vers la profondeur; les cataclismes et les bouleversements du globe n'ont amené aucun changement à la régularité de cette superposition, et c'est à l'aide de ces faits que l'on est parvenu à déterminer d'une manière très-exacte l'époque de leur existence.

Laissant de côté le travail scientifique à l'aide duquel M. Elie de Beaumont a exposé les procédés que la nature met en œuvre pour produire l'état fossile, je me borne à constater que dans toutes les couches superposées aux terrains primitifs sont contenues des traces d'êtres organisés; mais comme je viens de le dire, ces fossiles ne représentent pas seulement des spécimens d'animaux, on retrouve également, sous cette forme, une masse de végétaux et même des arbres entiers. L'examen attentif de ces faits a fourni à la science des documents pleins d'intérêt, en même temps qu'il a amené à conclure qu'à plusieurs reprises des modifications importantes se sont accomplies dans les conditions atmosphériques de l'Europe; ainsi, parmi les espèces végétales découvertes au milieu des terrains tertiaires, il en est un grand nombre qui ont disparu de nos contrées, et dont les analogues existent encore dans les zônes tropicales. On doit donc rigoureusement en conclure que la température a été, à d'autres époques, plus chaude que de nos jours, et que ce fut à l'époque tertiaire que les zônes de température se manifestèrent successivement. Quand le refroidissement de nos contrées en ont fait disparaître les plantes des tropiques, elles furent remplacées par les plantes des zônes tempérées chaudes, qui périrent à leur tour quand la période diluvienne eut refroidi une grande partie de l'Europe. Ce ne fut que plus tard que des plantes de l'époque tertiaire se répandirent de nouveau dans certains centres, et elles s'avancèrent aussi loin. vers le Nord et vers le Sud, que le permettait l'influence des variations climatériques. Avant que l'homme eut pu exercer sur elles son influence, elles avaient trouvé les limites de ce que la science nomme l'aire d'extension naturelle, parce que là les plantes possèdent non-seulement la faculté de végéter par elles-mêmes, mais aussi celle de se propager. Lorsque l'homme fut ensuite parvenu à adapter la plante à la période végétative de certains climats, lorsqu'il eut élevé de la plante des variétés précoces et tardives, lorsqu'il l'eut plantée à une exposition favorable et dans un sol convenable, lorsqu'il eut recueilli des graines et des bulbes pour les mettre en terre à une époque propice, il put concevoir l'espoir fondé d'amener heureusement sa conquête hors de son aire naturelle d'extension, toutefois dans des limites déterminées et avec des soins intelligents, car, dans l'aire d'extension artificielle, l'espèce végétale succombe à la fin lorsqu'elle est abandonnée à elle-même. Il résulte de ces observations que le transport d'une plante, de son aire naturelle dans un climat entièrement semblable, doit se nommer importation, et le passage dans l'aire d'extension artificielle s'appellera naturalisation.

Quant à la question d'acclimatation proprement dite, elle rencontre, le plus habituellement, des difficultés insurmontables, résultant de l'influence du climat, de la nature du sol, du froid de l'hiver, de la situation élevée ou basse, de la couche des neiges et de mille autres causes. On ne doit jamais perdre de vue, lorsqu'il s'agit d'acclimater une plante, l'examen de la longueur de l'été là où elle croît naturellement, car, évidemment, les formes de la végétation se rattacheront à des conditions climatériques semblables ; ainsi, par exemple, il faut être bien convaincu que la plante qui souffre et meurt à l'époque de la végétation, par suite de faibles degrés de froid, peut supporter, à la période de repos, des degrés de froid beaucoup plus intenses, sans endurer de dommages.

Pour nos végétaux ligneux, le jardinier reconnaît le commencement de l'état de repos à la maturité du bois avant que les gelées n'arrivent, et il sait parfaitement que le bois qui n'est pas aoûté souffre toujours des froids de l'hiver.

Soumis à cette loi, le pommier qui, en France, est habitué à une plus longue période de végétation, transporté en Russie, succombe toujours dès les premières années, à cause du climat défavorable ; il a fallu, pour naturaliser le pommier en Russie, procéder par des semis de variétés qui se sont adaptées à la période végétative du climat russe et ont fini par supporter, dans un sol convenable, les gelées les plus dures.

La culture des variétés propres à certains changements climatériques joue, par conséquent, dans la question de la naturalisation des plantes, un rôle très-important, et, d'autre part, il y a lieu de prendre en sérieuse considération, non-seulement les froids de l'hiver, mais encore les chaleurs et la longueur de l'été, lorsqu'il s'agit de transporter des espèces végétales dans l'aire artificielle d'extension.

Pour faire profiter l'horticulture de toutes les données acquises à la science, il faut établir que la température est la grande loi qui préside au partage des deux cent mille espèces végétales qui sont répandues sur la surface terrestre, et l'on est bien forcé de reconnaître que nulle autre forme ne saurait rivaliser avec celle-là ; c'est elle qui constitue la géographie botanique.

Ce sont le calorique et la lumière qui sont, sans contredit, les plus puissants agents de la végétation, ce sont ceux qui exercent l'influence la plus directe et dont on peut le mieux apprécier les effets; les lieux où la chaleur et la lumière se trouvent réunies au plus haut degré, avec une durée plus longue, présentent la végétation avec son maximum de développement. Cette action est encore augmentée par la grande humidité entretenue par l'intensité de la chaleur. On peut dire, en un mot, qu'ici, comme dans le concert entier de la vie terrestre, le soleil règne en souverain.

Mais pour apprécier la température d'une contrée, il ne faut pas tenir compte seulement de la température moyenne, il est nécessaire d'étudier surtout ses points extrêmes, car là où l'été est très-court, fût-il très-chaud, certaines plantes n'y persisteront pas, parce que cette période trop courte ne leur suffit pas pour parcourir les phases de leur développement.

D'un autre côté, les pays voisins de la mer ont une température plus douce et plus uniforme que les pays situés sur les mêmes parallèles, mais éloignés de la mer qui est, comme on sait, un vaste réservoir d'une température à peu près constante.

M. de Candolle partage l'Univers en régions botaniques; si les nombreuses divisions qu'il admet peuvent paraître arbitraires, on s'accorde cependant à reconnaître en Europe trois régions botaniques; la région hyperboréenne, la région moyenne et la région méditerranéenne ou méridionale. Je ne suivrai pas la science dans les développements qu'elle peut fournir sur ces trois divisions, je me borne à les indiquer comme des points de repères destinés à diriger les recherches et les expériences qui sont faites chaque jour pour la conquête des plantes. On ne saurait trop répéter, au surplus, que l'homme ne commande pas à la nature, car, ainsi que le disait Pythagore, « l'homme ne fait pas les lois, il les découvre. » Ce principe est très-vrai et il trouve surtout son application juste lorsqu'il s'agit de la culture des végétaux. Les éléments savent ce qu'ils font et où ils vont ; dans l'ordre naturel, rien ne s'accomplit aveuglément, toutes les forces sont admirablement combinées, c'est à l'homme de les épier et de découvrir leur itinéraire. Au surplus, nous trouverons de sérieux encouragements à observer les phénomènes qui se déroulent sous nos yeux, si nous remarquons que, des trois règnes de la nature, le végétal est celui qui caractérise le mieux une contrée. Les roches et les montagnes gardent une même forme de l'équateur au pôle, et leur aspect ne saurait donner à aucun pays une physionomie particulière; les espèces animales, malgré leur variété, offrent un aspect trop mobile et trop insaisissable pour arriver à des effets essentiellement différents.

C'est la distribution géographique des plantes qui influe le plus puissamment sur notre esprit, en traçant en lui l'image des localités qu'elle favorise; les arbres et les fleurs, la physionomie des champs et des prairies, des côteaux et des plaines, la forme et les nuances des feuilles, la grandeur des végétaux, constituent une mise en scène au milieu de laquelle nous nous trouvons et à laquelle nous appartenons comme si nous en faisions partie intégrante.

N'oublions pas, d'ailleurs, que l'Auteur de la nature n'est pas plus grand dans la direction d'un soleil à travers les campagnes étoilées, que dans la germination d'une plante; pour lui, semer des étoiles par milliers dans les sillons du ciel, ou répandre les semences légères des fleurs terrestres sur le sol humide, sont des œuvres également dignes d'attention et qui révèlent également l'action d'une intelligence infinie. Contempler la nature dans ses étoiles ou dans ses fleurs, c'est donc s'élever à la notion du vrai par des voies diverses, c'est s'initier aux mystères de l'infini par des expressions variées, c'est s'instruire dans la science de la nature par deux maîtres différents, mais de la même école.

Et, maintenant, si, à la contemplation générale du renouvellement des saisons, du grand mouvement printannier et estival, nous faisions succéder l'observation spéciale de chaque espèce de végétaux, quelle ne serait pas notre admiration ! Surtout si nous nous appliquions à suivre, dans son mouvement individuel, chacune de ces plantes si diverses qui embellissent la surface du globe. Deux espèces différentes n'agissent pas de la même manière, et depuis la naissance des premières feuilles jusqu'à la maturité de leurs fruits, elles offrent chacune un spectacle différent.

Parmi les plantes, les unes gardent humblement leurs fleurs cachées, tandis que les autres ne paraissent nées que pour l'éclat et la lumière. Si nous ouvrons le monde merveilleux des couleurs, quel pinceau reproduira ces nuances variées qui sont la parure des fleurs splendides? Ne peut-on pas dire encore que les teintes harmonieuses des couleurs sont surpassées par la richesse des parfums dont les fleurs gardent en leur sein le précieux trésor? Tant il est vrai que tout est merveilleux dans le monde végétal, et que les œuvres des hommes, dans leur expression la plus glorieuse, n'offriront jamais de beautés comparables aux plus modestes beautés de la nature.

Les idées que je viens d'émettre ne sont pas une vaine théorie, destinée uniquement à fournir un exposé qui afficherait une prétention très-mal fondée à la science; il y a, pour l'horticulture, un grand parti à en tirer, et elles peuvent évidemment s'appliquer à beaucoup de végétaux que nous cultivons, aussi bien à ceux dont les conditions de culture ont été profondément modifiées, dans ces derniers temps, par d'intelligents observateurs, qu'à ceux dont l'introduction en Europe date à peine de quelques années.

Personne, aujourd'hui, n'ignore les travaux de ces hommes aussi savants que courageux qui n'ont reculé devant aucune fatigue, devant aucun péril, pour rapporter en Europe une infinité de plantes intéressantes, presque toutes inconnues il y a 30 ans. Parmi les conquêtes précieuses dont ils ont enrichi nos collections, il faut placer en première ligne la nombreuse famille des orchidées qui justifient la prédilection dont elles sont l'objet, non-seulement par leur beauté et leur singularité, mais encore par les difficultés que les explorateurs ont dû vaincre pour les rapporter des forêts vierges intertropicales, et par les soins et le talent qu'elles réclament pour vivre acclimatées.

Avant de les avoir examinées et étudiées avec soin, le monde horticole avait reçu une impression profonde à l'apparition de la tribu de ces plantes fantastiques ; il faut admirer leur forme étrange, leur *facies* insolite, l'élégante bizarrerie de leurs inflorescences, tantôt déliées, menues, aériennes, tantôt lourdes et monstrueuses d'aspect ; ici, sombres, velues et bigarrées, imitant des volées entières d'insectes, de papillons, d'oiseaux d'un autre monde ; là, grandioses et brillant des couleurs les plus vives et les plus délicates ; l'amateur studieux reconnaît qu'il y a pour lui un vif intérêt et une attraction puissante dans l'examen et dans les essais de culture de ces plantes, filles de l'air, dont la nature

exceptionnelle et le genre de vie tout-à-fait imprévu, renversent toutes les idées reçues en horticulture jusqu'à leur apparition et déconcertent toutes les routines.

Il a fallu étudier ces plantes créées pour vivre sans toucher la terre, suspendues aux troncs et aux rameaux des arbres sous l'ombre épaisse des forêts vierges, bercées et nourries tout ensemble par les brises tièdes et humides de la zône torride.

Rien, dans nos climats d'Europe, ne donnait une idée nette de cette végétation aérienne ; cependant, avec le noble désir de savoir, d'agrandir leur intelligence et de pénétrer plus avant dans la connaissance des œuvres de Dieu, on vit de tous côtés, en Belgique, en Angleterre, en France, l'élite des horticulteurs s'efforcer, par l'imitation judicieuse des procédés de la nature, d'arriver à la culture rationnelle des plantes que jusqu'alors personne n'avait eu l'idée ou la présomption de sortir de leur pays natal. D'abord, s'est établie la distinction entre les orchidées épiphytes et les orchidées terrestres, et l'observation a amené à conclure que dans l'aire d'extension naturelle, ou, si l'on aime mieux, dans leur région botanique, là où le climat est tempéré, les orchidées sont terrestres, c'est-à-dire qu'elles s'implantent dans le sol pour y puiser leur nourriture ; mais lorsque l'on approche de la partie la plus chaude de notre globe, à peine ont-elles atteint les régions fécondes qu'un soleil quasi-vertical inonde de lumière et de chaleur, qu'elles quittent, pour la plupart, leurs habitudes terrestres et dédaignent de ramper ; elles vont se fixer aux arbres morts ou vivants, s'y suspendre en in-

crustant leurs racines dans les fentes des écorces et parcourent ainsi toutes les phases de leur vie sans toucher à la terre, sans lui rien emprunter, puisant dans l'air qui les entoure, dans l'humidité dont il est imprégné, sans doute aussi dans les gaz que produit incessamment le grand travail de décomposition et d'assimilation des forêts vierges, les éléments de cette végétation que l'on a nommée épiphyte.

Un caractère particulier à ces fleurs singulières, c'est que, comme leur patrie originaire, elles ne connaissent pas le mouvement des saisons et ne suivent pas, dans leur vie, une marche régulière et successive. Elles fleurissent capricieusement et peuvent constamment offrir leur coloris et leur parfum. De plus, leur floraison se prolonge souvent deux ou trois fois autant que celle des autres plantes. Il va sans dire que si les orchidées, pour leur végétation et leur floraison, ne suivent pas le cours des saisons, il importe de ne pas le leur faire sentir et de les tenir constamment dans une serre chaude à température égale.

Ces plantes sont encore assez rares en Europe, et certains amateurs, pour les obtenir, ont souvent payé des sommes fabuleuses. Ainsi, on raconte que le duc de Devonshire, qui est placé au premier rang parmi les amateurs d'orchidées, visitant, il y a quelques années, les serres de M. Henderson, fut frappé de la beauté d'une orchidée du genre Cattleya ; le duc n'était pas seul, une jeune dame de ses parentes l'accompagnait et la contemplation de la belle Cattleya la ravissait en extase ; sur le refus timide, mais constant, du propriétaire,

qui ne voulait à aucun prix se dessaisir d'une plante unique en Europe, le duc lui tendit un porte-feuille garni de billets de banque, et l'horticulteur ne put s'opposer à la gracieuseté du duc pour sa compagne.

Si certaines espèces d'orchidées exigent une température très-élevée qui, dans nos serres chaudes, les rapproche des conditions climatériques des lieux où elles croissent spontanément, il en est un grand nombre d'autres qui réclament moins de soins, et l'on sera bien certain de ce fait, en considérant que l'on rencontre des orchidées depuis les terres basses jusqu'aux limites extrêmes où s'arrête même la végétation alpine.

On voit par là combien il devient important d'avoir des notions précises sur la station naturelle et sur la hauteur des lieux où naissent les orchidées. Il a fallu que la science fît trève, de loin en loin, à ses études purement spéculatives, pour recueillir, dans les notes des voyageurs, des renseignements qui nous apprissent à conserver vivantes ces merveilles dont elle se bornait à faire des momies desséchées.

Tous les phénomènes qui tiennent à l'existence des végétaux se suivent en s'enchaînant avec un ordre et un ensemble dont il est impossible de n'être point frappé. Rien ne s'y produit en vain, rien sans un but sérieux, sans que chaque partie du tout ne concourre directement ou indirectement à ce but et ne soit en harmonie parfaite avec l'ensemble. Nous n'apercevons pas toujours la fin que se propose l'Auteur des choses, mais, dans tout ce qui est à notre portée, l'enchaînement logique des

moyens et leur parfaite concordance avec le but immé-
diat, ressortent d'une manière évidente. Il est constant
que toute plante est pourvue des organes les mieux ap-
propriés à son mode d'existence et aux phénomènes
extérieurs au milieu desquels elle doit se développer.
L'étude comparée de ces organes doit donc nous révéler
où, comment, et dans quelles conditions, ils pourront
croître et fonctionner d'une manière normale.

Dans la vie des plantes, l'acte le plus considérable
est la floraison ; c'est alors qu'elles brillent, qu'elles
attirent les regards, qu'elles répandent leur parfum ;
c'est alors que s'accomplit en elles la phase capitale de
la fécondation, de la fructification ; c'est, en quelque
sorte, le but final vers lequel tendent toutes les forces
vitales ; toutes les autres fonctions n'ont qu'une importance secondaire et subordonnée à l'acte principal ; et
maintenant n'est-il pas évident pour tous ceux qui se
trouvent en présence d'une famille de plantes qui ont
un caractère tout spécial, dont les unes sont terrestres
et rampantes, pendant que les autres sont grimpantes et
aériennes, qu'il doit exister des rapports intimes entre
les formes si diverses et les habitudes non moins variées
de ces plantes, et que, par conséquent, les indications
dont nous pouvons avoir besoin pour leur culture, doivent se déduire de l'examen de leurs formes et de la
disposition de leurs organes essentiels ?

Je m'arrête, Messieurs, dans la pensée d'éviter de
trop longs développements ; je me bornerai donc à un
seul exemple : l'examen que je veux présenter des trans-
formations que l'art horticole a dû faire subir à cer-

taines plantes pour les introduire dans notre climat, sans abri, pendant les plus rudes hivers.

Il y a peu d'années, le nombre des espèces de rhododendrons cultivés en France était fort restreint, et parmi ceux que l'on aurait pu, sans inconvénient, livrer à la pleine-terre, pour affronter les fortes gelées, à peine aurait-on pu inscrire les noms de cinq ou six variétés. Maintenant, d'immenses progrès se sont accomplis, mais le succès est loin d'avoir été égal partout, et c'est de là que résulte, pour les amateurs, le danger de choisir des variétés qui ne sont qu'à demi rustiques et dont l'acclimatation est loin d'être complète.

Les rhododendrons *ponticum*, *maximum* et *catawbiense*, sont les types qui ont été adoptés pour produire des hybridations dues à la fécondation des rhododendrons *arboreum* aux couleurs brillantes ; puis on a essayé des semis dans lesquels les rhododendrons à fleurs jaunes, ceux de l'Hymalaya, ceux de Bootan, ont été mis en rapport avec les variétés déjà obtenues. C'est ainsi que l'on est arrivé successivement à récolter, sur des plantes parfaitement rustiques, des graines qui ont donné naissance à des hybrides dont les fleurs rappelèrent toutes les couleurs des rhododendrons *arboreum* et autres. Mais c'est ici précisément que se place l'écueil, attendu que les horticulteurs français et belges ont mis un empressement infiniment trop vif à livrer au commerce des fleurs aux couleurs les plus séduisantes : en effet, vendant ainsi les produits de leurs hybridations, dès les premiers croisements, ils n'ont pu garantir la rusticité de leurs plantes; de là des mécomptes et des déceptions de toute espèce.

Ainsi n'ont point fait les Anglais, il faut bien leur rendre cette justice; ils ont tenu, avant de livrer leurs plantes au commerce, à s'assurer de la constance de leur coloris et surtout de leur parfaite rusticité; leur persévérance, pour la culture des rhododendrons, a été couronnée du même succès que celle qu'ils ont montrée pour leurs croisements de chevaux; pour les uns, comme pour les autres, ils laissent patiemment le temps accomplir son œuvre et ils en sont largement récompensés par les prix que leur obtiennent des produits que nulle part on ne peut trouver comparables à ceux qu'ils fournissent.

L'horticulture s'enrichit chaque jour des grains que des semeurs intelligents ne voyent souvent éclore qu'après les efforts les plus persévérants; mais c'est surtout par l'introduction des plantes venues des contrées inexplorées jusqu'à présent, que nos jardins se peuplent de végétaux précieux; toutefois, la conquête d'une plante où d'un arbre n'est pas toujours chose facile, même pour le collectionneur qui se trouve au milieu du pays où le végétal croît spontanément. Aussi, voici l'histoire en résumé de la manière dont M. Fortune, l'infatigable explorateur, put entrer en possession du *Cupressus funebris*, l'un de nos plus précieux conifères.

La scène se passe en Chine, non loin du district de Weichow, célèbre patrie du thé vert, à 150 milles au-dessus de l'embouchure d'une rivière qui se jette dans la baie de Hangchow, entre les 30° et 31° degrés de latitude boréale. Fraîchement arrivé dans cette région, M. Fortune aperçoit de loin un arbre d'une remarquable beauté, aspect de conifère, taille d'environ 18 mètres, tronc droit comme *l'Araucaria excelsa*, rameaux pendants comme le sol pleureur, l'ensemble, rappelant pour la symétrie et la grâce, un lustre de théâtre aux girandoles ornées de festons.

Admirer, convoiter, saisir l'objet désiré, c'est la marche expéditive des botanistes en quête de plantes ; mais parfois on compte sans les précipices, d'autres fois sans les murs, voire même sans le propriétaire, ennemi naturel des escalades ; or, en cette occurrence, un mur renferme l'objet convoité, et, comme surcroît d'obstacle, un chinois veille à la porte de l'enclos. Heureusement, le chinois est hôtelier; entrons à l'auberge, vite à dîner ; après le dîner les pipes; on propose de faire un tour de jardin, l'hôte fait les honneurs du sien. « Oh le bel arbre ! les provinces maritimes n'en n'ont pas le pareil. Vous permettez, Monsieur ? » et notre faux chinois (Fortune joue ce rôle) de cueillir des graines. Bien joué, n'est-ce pas ? Voilà comment l'argonaute Fortune fit la conquête de son cyprès.

Dans mille autres circonstances, la conquête d'une plante n'a été faite qu'au prix des plus grands dangers et plus d'un collecteur a payé de sa vie le désir d'obtenir une plante nouvelle.

Une étude sur les végétaux aurait pu paraître, au premier abord, d'une importance bien secondaire pour lui voir prendre place au milieu des enseignements d'un congrès scientifique, mais je sens ma confiance se raffermir quand je me place à ce point de vue, qu'aujourd'hui l'horticulture ne peut plus être considérée comme un art futile, bon, tout au plus, à charmer les loisirs de ceux qui n'ont d'autre occupation que de distribuer dans un parterre des fleurs de couleurs variées. Au milieu de vous, Messieurs, je n'ai pas à craindre que les choses soient jugées superficiellement, et je compte sur votre bienveillante indulgence pour apprécier les considérations qu'il me reste à mettre sous vos yeux.

Je n'entrerai dans aucun développement pour faire observer que l'horticulture embrasse, non-seulement la culture des fleurs, mais aussi celle des arbres fruitiers et des légumes qui tiennent une si large place dans l'alimentation publique. Je me renfermerai dans la simple énonciation de ce fait, que l'horticulture est la sœur aînée de l'agriculture ; c'est grâce à ses essais que l'agriculture a pu se livrer, sur une grande échelle, à la culture des végétaux qui font aujourd'hui sa richesse.

Si l'horticulture vient augmenter nos jouissances par l'introduction de plantes qui enrichissent de leurs brillantes couleurs, de leurs splendides feuillages, les contrées lointaines, elle nous rend aussi de précieux services lorsqu'elle propage une nouvelle plante alimentaire ; elle fait ainsi participer des milliers d'hommes aux bienfaits dont la nature a favorisé les pays les plus éloignés. Introduire en Europe ces plantes utiles, c'est prendre rang parmi les bienfaiteurs de l'humanité, alors surtout qu'il s'agit d'espèces croissant dans des climats tempérés et, par là même, susceptibles d'être cultivées dans nos contrées.

On ne peut non plus laisser dans l'oubli ces deux considérations, qu'au point de vue artistique et surtout au point de vue de la salubrité publique, l'horticulture a rendu des services dont le plus grand nombre ne tient pas peut-être suffisamment compte.

Les anciens, qui nous ont laissé des traces immortelles de leur amour du beau dans les arts, se sont inspirés bien souvent de l'élégance des feuillages ; tout, dans leur architecture, dénote cette richesse des modèles naturels, choisis parmi les objets aux formes pures qui les entouraient. La coupole du ciel leur avait donné l'idée de la voûte de leurs temples, les lignes harmonieuses et géantes des montagnes avaient été les premiers éléments de leur architecture, les fûts des colonnes furent calqués sur les types des palmiers, les stylobates sur la base dilatée de ces beaux arbres, et les chapiteaux sur leurs têtes aux lignes gracieuses ; la volute copia ses enroulements sur les frondes en crosse des fougères, les détails des oves et des moulures naquirent des fleurs, des feuillages et des fruits.

L'histoire légendaire du chapiteau corinthien apporte sa preuve de cette appréciation juste et féconde des beaux feuillages ; elle raconte que le grand sculpteur Callimaque conçut l'idée du chapiteau corinthien qui devint l'ornement sans rival du Parthénon et de presque tous les temples des Dieux, dans la vue de *l'Acanthus lusitanicus*. Pendant l'été, la plante avait été cultivée avec amour, puis abandonnée pendant quelques mois ; au printemps, les feuilles en poussant rencontrèrent l'obstacle formé par la vase, elles se glissèrent dans les intervalles, entourèrent et remplirent la corbeille, retombant avec grâce sur les bords transformés sous cette parure élégante. Callimaque passa par là, il vit ce travail de la nature, cet ornement de belles feuilles luisantes aux élégants festons, aux lignes gracieuses, le chapiteau corinthien venait de naître dans le cerveau du grand sculpteur.

Et maintenant, pouvons-nous assez admirer les lois qui président à l'organisation de l'Univers? C'est à l'humble végétal qu'est dévolu le soin de purifier l'atmosphère rendu impropre à la vie de l'homme par sa respiration. Les plantes prennent à l'air le gaz acide carbonique expiré par les animaux, et, en décomposant ce gaz, sous l'influence des rayons solaires, elles s'assimilent le carbone et restituent à l'atmosphère l'oxigène sans lequel nous ne pouvons vivre. C'est par ce continuel échange que s'établit la statique des êtres, c'est dans la réalisation régulière de cette purification de l'atmosphère, par les plantes, que résident les conditions vitales de la santé de l'homme.

Si l'intérêt privé exige que les habitations particulières reçoivent une distribution suffisante d'air et de lumière, la santé publique n'est pas moins intéressée à ce que les villes soient pourvues de larges promenades, de jardins, de parcs spacieux, qui y assurent la libre circulation, le renouvellement continu des éléments de la vie.

Les anciens, nos maîtres en bien des matières, avaient compris et apprécié, mieux que nous peut-être, la nécessité de ces conditions sanitaires.

Les Assyriens, les Egyptiens, entremêlaient dans

leurs villes, parmi les habitations, de vastes jardins qui, par l'espace et par la végétation, concouraient à y maintenir la pureté de l'atmosphère; les écrits de Vitruve prouvent également que les Grecs et les Romains s'appliquaient à donner à leurs villes des garanties de salubrité que pourraient envier les nôtres; c'était sous les platanes de l'Académie que les professeurs d'Athènes donnaient leurs leçons.

C'est assurément sous l'inspiration des mêmes principes que nous voyons chaque jour dans les villes et surtout à Paris, ces merveilleux squares qui transforment l'aspect autrefois uniforme de nos rues , en même temps qu'ils distribuent l'air et la vie à tous les nouveaux quartiers.

Ai-je besoin de vous parler des parcs qui se dessinent partout où le terrain fournit une situation favorable? Vous parlerai-je, au milieu de tous les autres, des points de vue pittoresques des Buttes-Chaumont, des admirables effets obtenus dans l'organisation du parc Monceaux? Là, les aspects sont variés, à chaque pas, avec un art qui fait le plus grand honneur à ceux qui ont conçu les plans et à ceux qui ont perfectionné chacun des détails. Ici, dans les fissures de ces rocailles placées d'hier et simulant l'aspect vieilli des gisements naturels , sont plantées des fougères au feuillage délicat, des hémérocalles aux grandes feuilles, des cotoneasters, des alaternes, des filarias, des aucubas, etc., etc.

Pour arriver à cet ingénieux enchevêtrement d'arbustes et de plantes pittoresques , courant çà et là, capricieuses et légères sur les roches pendantes, vous

traversez une grotte qui présente les bizarres configu-
rations souvent habituelles aux cavernes des montagnes ; de la voûte retombent, en pendentifs d'une
extrême élégance, des stalactites que l'on croirait nées,
ici même, de l'infiltration des eaux supérieures et qui
vont parfois rejoindre les stalagmites d'en bas pour former des piliers sillonnés et découpés à jour; des effets de
lumière produits par des percées ménagées çà et là, dans
la voûte, viennent irradier dans la grotte et ajouter à
l'expression de cette création jusqu'alors sans exemple.

Vous serez assez indulgents, Messieurs, pour me pardonner de m'être laissé entraîner à vous parler de ces
merveilles de l'art, pour lesquelles les végétaux venus
de toutes les parties du monde forment un admirable
encadrement; vous me pardonnerez surtout d'avoir si
longtemps abusé de votre patience. Devant vous, je
l'espère, trouvera grâce celui qui, cultivant les fleurs
avec amour, ne craint pas de soutenir qu'elles sont la
joie des yeux, et qu'à l'entrée de tous les jardins devrait
être placée cette heureuse citation d'un poëte latin :

Hic ver assiduum melius quam carmina flores
Inscribunt . . . .

Je ne puis terminer cependant cette étude sur l'horticulture et sur les services réels qu'elle peut rendre,
sans vous rappeler un fait qui est bien loin de vos
souvenirs peut-être, et dont, assurément, on n'a pas fait
suffisamment raison dans les sociétés savantes.

Au moment où la guerre européenne, faite par Napoléon, avait fermé les ports de France au commerce

extérieur, un homme aussi remarquable par ses connaissances que par son esprit d'observation. M. Loiseleur
Deslongchamps fit une heureuse application de la botanique à la thérapeutique ; les médicaments exotiques
n'arrivaient plus qu'avec peine et se payaient des prix
excessifs. Loiseleur entreprit, avec une grande sagacité,
de les remplacer par des plantes indigènes , ce qu'il ne
fit qu'après s'être livré à beaucoup d'expériences sur
leurs propriétés réelles. Ainsi, à l'ipécacuanha il substitua l'azarum, plusieurs de nos euphorbes au séné, et au
quinquina l'extrait de fleurs de narcisses des prés. Je
pourrais multiplier ici les citations, il me suffira de dire
qu'il publia ses résultats sous forme de tableaux où la
manière d'administrer, où la dose et les effets de chacune de ces plantes, étaient notés avec soin et mis en
regard.

On acquit, de cette manière, la connaissance de certaines succédanées qui diminuèrent la privation des
substances médicamenteuses fournies par les pays lointains. Dans cette circonstance encore l'horticulture, venant en aide à la botanique, mérita de prendre rang
parmi les sciences utiles à l'humanité.

Puissé-je, Messieurs, avoir contribué à faire pénétrer
dans vos esprits cette conviction, que l'horticulture, bien
loin d'être aujourd'hui uniquement un art d'une utilité
insignifiante pour le plus grand nombre, est appelée, au
contraire, à jouer un rôle important dans la solution des
problèmes d'économie sociale, et qu'il est bon que ceux
qui sont placés à la tête du monde intelligent se déclarent hautement ses promoteurs, encourageant ainsi les

progrès qu'elle s'efforce chaque jour de réaliser dans l'intérêt général, par l'heureuse réunion de ce qui charme les yeux et des produits qui donnent satisfaction aux nécessités de la vie.

Omne tulit punctum qui miscuit utile dulci.

L'ART DU JARDINAGE

AU

Double point de vue de l'agrément et de l'utilité.

1re *Partie.* — LES JARDINS D'AGRÉMENT.

Pour donner une idée du rôle important que l'horticulture a été appelée à jouer pour l'ornement des habitations et pour l'application de cette science aux nécessités de la vie, il est indispensable de remonter la chaîne des âges et de montrer, dans les siècles les plus reculés, les hommes qui étaient placés à la tête de la civilisation, s'efforçant, par des travaux et par des entreprises gigantesques, de donner à l'art horticole tous les développements qu'il mérite.

On trouvera assurément d'intéressants enseignements si l'on vient à fouiller les archives de l'horticulture, chez tous les peuples, et à constater successivement les progrès accomplis dans cette science que j'appellerais la première entre toutes les autres si je me laissais entraîner à exprimer toute ma pensée ; et, en effet, on a pu dire, avec une grande vérité, que les jardins sont le chef-d'œuvre du génie de l'homme inspiré par le chef-d'œuvre de la nature. Si l'on considère les jardins naturels et les jardins artificiels, on voit que ce qui constitue essentiellement les uns et les autres n'est rien moins que l'harmonieux assemblage des objets les mieux faits pour charmer nos sens et plaire à notre esprit. Le paysan cultive quelques pieds de fleurs et plante quelques arbres fruitiers à côté du champ qui le fait vivre.

La plus modeste maison de campagne ne peut pas plus se passer d'un jardin que le château qui doit sa plus grande valeur au jardin et au parc dont il est entouré. Une belle habitation avec un jardin dans des proportions mesquines, ou négligemment dessiné, serait une véritable anomalie ; tandis que l'on ne s'étonnera jamais de rencontrer une habitation modeste au milieu de vastes enclos remplis de verdure et de fleurs. Les grandes villes, qui sont si fières de leurs monuments et de la magnificence de leurs édifices publics, placent néanmoins aux premiers rangs, parmi leurs merveilles, les jardins et les parcs que partout l'on s'efforce d'établir avec la plus grande munificence. A Paris, la suppression d'une partie du jardin du Luxembourg a occupé pendant plusieurs mois l'opinion publique et les grands corps de l'État à l'égal des graves questions de politique intérieure et extérieure. En un mot, on voit partout l'art des jardins progresser avec la civilisation, avec ce qui fait le bonheur et la gloire des nations.

A une époque très-ancienne, les Égyptiens tenaient l'horticulture tellement en honneur, qu'afin d'augmenter la variété de leurs fleurs, et de se procurer des plantes rares, ils exigeaient de certaines nations tributaires qu'elles payassent une partie de l'impôt en graines ou en végétaux de leur pays ; aussi l'histoire rapporte que lorsqu'Agésilas visita l'Égypte, il fut si frappé de la beauté de guirlandes tressées avec les fleurs du papyrus, dont le roi d'Égypte lui fit présent, qu'il voulut emporter en Grèce plusieurs pieds de la plante qui les avait fournies.

Plus tard, Cicéron ne craignit pas de dire, *hortos ædificavi pulcherrimos*, et l'expression était parfaitement juste, car à cette époque et, sans doute, par une réminiscence de l'Orient, on bâtissait les jardins plutôt qu'on ne les plantait.

Des édifices construits avec tout le luxe architectural du temps, des terrasses qui rappelaient les jardins suspendus de Babylone, des portiques, des vases tirés de l'Étrurie, des colonnes et des statues sculptées par l'élite des artistes grecs, accomplirent, dans la disposition et la décoration des jardins des merveilles qu'il serait difficile d'égaler. Dès cette époque, on s'étudiait à compléter les ornements de ces somptueuses villas, si aimées des épicuriens romains, par les belles perspectives ouvertes sur les montagnes ou sur la mer, et embellies par la sérénité du ciel méridional.

Ces traditions ont longtemps survécu à la puissance de Rome, et de nos jours encore on en retrouverait de nombreuses traces dans les goûts et les mœurs des Italiens.

Mais aujourd'hui des idées nouvelles et un autre mode de civilisation nous ont inculqué des goûts bien différents. Les anciens aimaient à voir partout l'empreinte de la main de l'homme; nous, au contraire, sans méconnaître le charme et la grandeur des conceptions du génie humain, nous avons un sentiment mieux compris des merveilles de la nature, et ce sentiment, si on s'attache à l'observer avec attention, se reflète avec plus ou moins de vérité dans les produits de nos conceptions artistiques. Toutefois, c'est avant tout, dans l'art relativement moderne des jardins d'agrément que nous empruntons à la nature les plus gracieuses inspirations.

Reproduire les aspects variés qu'elle nous offre, concentrer, dans un horizon que nos yeux peuvent facilement embrasser, les beautés de toute espèce qu'elle a distribuées à profusion autour de nous, c'est là l'idéal qui fait l'objet de tous nos efforts, c'est là le but que nous cherchons à atteindre.

Ces principes, bien appliqués, doivent évidemment être couronnés d'un succès complet, car pour faire un beau jardin il faut autre chose que des parterres élégamment dessinés, autre chose que des galeries de marbre, des pavillons et des belvédères, autre chose que des bassins et des jets d'eaux, autre chose que des vases, des balustres et des statues ; tout cela ne vient qu'en seconde ligne.

Le principal, ce qui constitue essentiellement un jardin ce sont les arbres et les fleurs qu'on y cultive, et qui, réunis en abondance, choisis avec discernement, groupés avec une heureuse entente de l'harmonie et du contraste des couleurs, des effets d'ombre et de lumière, des proportions et de la perspective, suffiraient seuls pour offrir le plus délicieux jardin.

C'est ainsi que les fleurs, la verdure, les ombrages, les eaux, les rochers, les accidents du paysage, les êtres animés eux-mêmes, deviennent pour nous les éléments du tableau dont nous avons conçu l'idée ; nous nous gardons bien d'en exclure les œuvres des hommes, seulement elles ne deviennent pour nous qu'un accessoire que l'on relègue volontiers sur le second plan. L'art le plus parfait pour nous consiste dans la combinaison des éléments divers qui peuvent entrer dans l'établissement d'un jardin de manière à en faire un tout harmonieux qui parle à l'âme et aux sens, en même temps qu'il met habilement en relief tout ce qui appartient en propre à la nature.

Le jardinage d'agrément est varié à l'infini dans ses formes, et se modifie sans cesse avec les temps, les lieux et la température. Il y a, dans la formation d'un jardin, les éléments qui dépendent du site, de la configuration du terrain, de son orientation, de sa composition ; il y a ceux qui proviennent de l'entourage, de la topographie du pays environnant, des montagnes, des collines, des rochers, des massifs de verdure, des eaux ; il y a aussi ceux qu'impose le climat ; il y a enfin les édifices construits de main d'hommes, habitations, kiosques, belvédères, grottes, rocailles, toutes circonstances qui impriment chacune au paysage leur cachet particulier. Il faut savoir faire un choix intelligent parmi la prodigieuse diversité de végétaux, ceux-ci grands et élancés, ceux-là bas et touffus ; les uns d'une verdure sombre, les autres d'une teinte plus douce, quelques-uns conservant perpétuellement leur feuillage, certains autres se colorant en automne des teintes les plus chaudes. Ce choix ne devient ni moins complexe, ni moins difficile parmi les innombrables plantes fleuries, ligneuses ou herbacées, annuelles ou vivaces, terrestres ou aquatiques qui viennent apporter au jardin paysager leur contingent de verdure et de teintes ; c'est là, il faut le reconnaître, la palette où l'artiste paysager vient prendre les couleurs qui lui serviront à composer ses tableaux ; ces détails expliquent suffisamment les études et les soins que réclame la création d'un jardin.

Avant d'arriver à la disposition des jardins paysagers, conformément aux principes dont je viens de donner une idée, l'art du jardinage avait parcouru bien des étapes, si je puis m'exprimer ainsi ; ce ne fut guères que vers le XVIIe siècle que le système pittoresque des jardins anglais vint se substituer au dessin symétrique et magistral des jardins français, dont Le Nôtre avait régularisé méthodiquement les lignes droites et les perspectives à perte de vue.

Avant lui, on voyait à Fontainebleau, dont les jardins datent de François Ier, un parc dont le plus grand charme consistait dans l'abondance des eaux qui y étaient amenées de toutes part. C'est là aussi que fut établie la fameuse treille si renommée par son excellent chasselas.

Le sol sec et sablonneux se prêtait mal à la culture des végétaux précieux. Henri IV, se promenant un jour avec le duc d'Épernon, remarqua combien les jardins étaient encore pauvrement garnis et en fit reproche à son jardinier. « Que voulez-vous, Sire, s'écria celui-ci, dans ce maudit terrain on ne peut rien faire venir. semez-y des gascons, reprit le Roi en riant et regardant d'Épernon, ils poussent partout. » On parvint cependant à y faire pousser autre chose que des gascons, et les jardins de Fontainebleau offrent

aujourd'hui une végétation variée et luxuriante. En 1812 Napoléon
y fit faire le magnifique parc anglais qui environne l'étang. Le
château de St-Germain l'emporte sur Fontainebleau par la beauté
du site et les agréments de la position.

Le duel de MM. de la Chataigneraie et de Jarnac, devenu célèbre
par le coup qui le termine, eut lieu dans le parc en présence de
toute la cour.

L'histoire ne dit pas que les juges du camp aient trouvé déloyale
la ruse employée ; toutefois, l'expression de coup de Jarnac est
restée proverbiale pour désigner un mauvais tour auquel on ne
doit pas s'attendre.

Les frères Mallet, en créant à Anet les jardins du duc d'Aumale
et beaucoup d'autres parcs remarquables de cette époque, acquirent
une réputation de talent justement méritée ; mais le nom qui
domine toute la période de l'histoire des jardins, qui s'étend
depuis le XVIIe siècle jusqu'au milieu du XVIIIe, est, sans contredit,
celui de Le Nôtre. Louis XIV le combla de bienfaits et l'envoya à
Rome pour visiter les jardins si renommés de ce pays. A Rome, le
Pape accueillit Le Nôtre avec une extrême bonté; il se fit montrer
en détail les plans des jardins de Versailles et en loua hautement
la richesse et la savante disposition. En entendant les compliments
flatteurs du Souverain Pontife, Le Nôtre ne se tint pas de joie.
« Ah ! s'écria-t-il, je ne me soucie plus maintenant de mourir,
j'ai vu les deux plus grands hommes du monde, votre Sainteté et
le Roi mon maître! — Il y a une grande différence, repartit modes-
tement le Chef de l'Église, le Roi est un grand prince victorieux,
et je ne suis qu'un pauvre prêtre, serviteur des serviteurs de Dieu. »

Le Nôtre fut anobli, et le Roi voulait lui donner des armoiries ;
mais Le Nôtre lui déclara qu'il avait déjà les siennes: trois limaçons
surmontés d'une pomme de choux ; le Roi avait anobli du même
coup le jardinier et le jardinage.

Tous les grands personnages le considéraient; Bossuet lui-même
causait avec lui avec plaisir et se mettait, pour un moment, à
aimer les fleurs; on peut s'en étonner, si l'on se rappelle que le
jardinier du grand évêque lui disait un jour: « Si je plantais des
St-Augustin et des St-Chrysostôme, vous voudriez les voir, mais
pour vos arbres vous ne vous en souciez guères. »

La Quintinie, dans un autre genre, fit faire à l'art du jardinage
d'immenses progrès au XVIIe siècle; il personnifie le côté utilitaire

et gastronomique de l'horticulture, comme Le Nôtre en personnifie le côté esthétique.

En remontant jusqu'au XVe siècle, on avait pu voir les Hollandais et les Flamands, excellents horticulteurs, prendre l'initiative de la construction des serres et des jardins d'hiver. Leur passion pour les fleurs, aux prises avec un climat froid et humide, leur fit trouver, pour la conservation et la multiplication des plantes délicates, des artifices que les nations les plus favorisées de la nature furent heureuses de leur emprunter. En Hollande, dit Alphonse Esquiros, l'art de l'horticulture a créé une saison que n'avait pas indiquée la nature. Le seul reproche qu'on puisse adresser aux Hollandais c'est de s'attacher trop exclusivement à la culture de certaines spécialités.

Ce ne fut que vers le commencement du XVIIIe siècle que l'on vit s'accomplir une révolution complète dans la disposition des jardins ; alors seulement on commença à s'affranchir de la tyrannie de la règle et du compas, et à accepter, comme le meilleur modèle à suivre, l'imitation de la nature.

William Kent eut le premier l'honneur de mettre en vogue les jardins anglais ; et son nom fut bientôt, en Angleterre, aussi célèbre que celui de Le Nôtre l'était en France.

Il sut, dit Walpole, sentir les charmes d'un paysage, être assez hardi et assez ferme dans ses opinions pour oser donner des préceptes, et il eut assez de génie pour voir un grand système dans le crépuscule d'essais jusqu'alors imparfaits ; il sentit le délicieux contraste des côteaux et des vallons s'unissant imperceptiblement l'un à l'autre ; il ajouta ces belles ondulations d'un terrain qui s'élève et s'abaisse alternativement, et il remarqua avec quelle grâce une éminence douce se couronne de bouquets d'arbres qui attirent de loin la vue. Les grands principes sur lesquels il travailla étaient la perspective, l'ombre et la lumière. Mais la plus grande beauté de toutes celles dont il orna ses jardins ce fut, sans contredit, la distribution des eaux.

C'est ainsi qu'avec le seul coloris de la nature, avec l'art de saisir ses plus beaux effets, on vit surgir une création nouvelle ; le paysage fut corrigé quelquefois et embelli, jamais dénaturé.

Parti d'un principe diamétralement opposé à l'école française, il eut, comme Le Nôtre, le mérite d'être conséquent avec lui-même. Le Nôtre était avant tout un architecte, Kent fut spécialement un paysagiste. Le premier aspirait aux effets grandioses et il fut vraiment grand; le second ne recherchait que le naturel et il fut vraiment naturel.

Kent reconnaissait que la nature ne fournit pas les lignes droites, et il obéissait à ce principe, se gardant bien toutefois des exagérations qui tendraient à faire croire qu'elle n'aime que ce qui est tourmenté.

Ces principes sont aujourd'hui parfaitement appréciés et mis en pratique, et nous avons tous les jours sous les yeux la preuve que la France possède des artistes paysagers qui comprennent aussi bien que les Anglais, la science des harmonies et des contrastes, en même temps que la variété et l'élégance qui constituent le principal mérite des jardins anglais.

Toutefois, il faut convenir que les paysagistes de la fin du XVIIIe siècle semblaient avoir perdu de vue l'objet primitif et essentiel de l'art des jardins; je veux parler de la culture des fleurs. Par une étrange aberration, on s'évertuait à produire des effets pittoresques, à fabriquer des forêts, des montagnes et des grottes; on n'oubliait qu'une chose pour l'embellissement des jardins, c'était d'y planter des fleurs.

Les frères Thouin contribuèrent puissamment à dissiper cet aveuglement; ils mirent au jour les meilleurs procédés pour la culture et la multiplication des plantes; grâce à Gabriel Thouin le dessin des jardins s'assujettit à des règles dont le développement comprend 6 points principaux : 1° le tracé, 2° les vues, 3° les vallonnements, 4° les plantations de gros arbres, 5° la composition des massifs, 6° la décoration florale.

C'est ainsi que chaque siècle est venu successivement apporter à l'art horticole son contingent de lumières et de progrès, et le rapprocher du degré de perfection auquel il est arrivé de nos jours.

Personne aujourd'hui n'ignore les noms des Barillet Deschamps, Buller et tant d'autres justement renommés qui, pour varier et embellir les parcs confiés à leurs talents, ont su mettre à contribution toutes les parties du monde, en y faisant un choix judicieux des plus belles plantes exotiques, les unes remarquables par la dimension et la coloration de leurs feuillages, les autres par le vif éclat de leurs fleurs; d'autres encore par la bizarrerie de leurs formes.

A Paris, et dans ses environs, nous avons vu ces habiles paysagistes dessiner sur une grande échelle des squares et des parcs qui démontrent victorieusement qu'ils connaissent tous les secrets de leur art et qu'ils peuvent, sur les terrains les plus mal disposés, dessiner des jardins qui sont de véritables chefs-d'œuvre. Pour le prouver il suffit de citer le Bois de Boulogne, le Parc Monceaux, les Buttes Chaumont et tout dernièrement le Jardin de l'Exposition. Je ne dis qu'un mot des parcs de MM. de Rotschild et Péreire et de beaucoup d'autres qui prouvent que, pour les jardins anglais, nous n'avons rien à envier à nos voisins.

2ᵐᵉ *Partie*. — LES JARDINS ET LES PLANTES UTILES.

En même temps que dans les États de l'Europe et même du nouveau monde, on s'efforçait de donner un merveilleux développement à l'horticulture de luxe et d'agrément, imprimant ainsi à chaque contrée son caractère particulier, dû au goût dominant de la population et surtout à la variété des plantes qui y croissent spontanément, on a vu surgir des établissements d'une utilité plus sérieuse, et qui étaient indispensables en présence des misères et des besoins auxquels l'humanité est soumise. Les hommes d'une intelligence élevée, qui se sont appliqués à l'examen des problèmes de la création, ont reconnu, qu'en nous imposant les misères, les maladies et les infirmités, Dieu avait placé le remède à côté dn mal ; et c'est à cette idée bien comprise que l'on doit l'établissement de jardins scientifiques, principalement, si ce n'est uniquement consacrés à la culture des plantes médicinales. Cette seconde partie de l'examen que j'ai entrepris de l'art du jardinage, tout en nous offrant un aspect moins séduisant, peut présenter encore un intérêt réel, parce que là aussi on pourra constater chez tous les peuples les progrès de la science travaillant au soulagement de l'humanité.

Pendant longtemps, la connaissance des propriétés funestes ou salutaires des plantes faisait presque toute la médecine, aussi l'étude des végétaux tenait-elle une large place dans l'éducation donnée par les écoles médicales ; de nos jours encore, c'est parmi les médecins et les pharmaciens qu'il faut aller chercher les maîtres de la botanique. Les jardins botaniques, en se développant et se métamorphosant peu à peu, sont devenus avec le temps des institutions destinées à l'enseignement général des sciences naturelles.

Telle fut l'origine du Jardin des plantes de Paris, qui fut créé en 1635, par Jean Hérouard, Charles Bouvart et par Guy de Labrousse, tous trois médecins de Louis XIII. Un siècle plus tard Buffon trouva le jardin à peu-près dans le même état où Guy de Labrousse l'avait laissé; je n'ai nul besoin de rappeler ici qu'il y laissa des traces immortelles de son passage.

Après la révolution française, le Jardin des plantes reçut une

organisation plus large et surtout des attributions plus étendues ;
et parmi ceux qui furent choisis comme professeurs, on peut
citer les noms célèbres de Daubenton, de Lacépède, de Geoffroy
St-Hilaire, de Cuvier, de Blainville, de Brongniart et de Gay Lussac.

Le Muséum, car c'est ainsi que l'on nomme le Jardin des plantes
de Paris, avec ses jardins, ses serres, ses galeries, constitue en
résumé, une sorte d'exposition universelle et permanente des œuvres
de la nature.

En faisant des recherches, on voit que l'antiquité avait eu
quelques jardins botaniques. Celui que Théophraste avait fondé à
Athènes est cité comme le plus ancien ; un autre fut créé par
Mithridate, roi de Pont, 135 ans avant Jésus-Christ. Un troisième
à Pergame par Philométor qui cherchait vainement, dit-on, dans
la culture et l'étude des plantes une diversion à ses remords.

Plusieurs auteurs prétendent que l'initiative de ce genre d'ins-
titution appartient à l'Allemagne, et ils citent en 1530 l'établissement à Marbourg, d'un jardin où les jeunes gens qui se destinaient
à la profession de médecin ou d'apothicaire venaient recevoir des
leçons. Le fondateur, qui était un savant naturaliste, se nommait
Enricius Cordus.

Leipsick eut son jardin botanique en 1566; en 1587, l'Écluse, qui
était né à Arras, créa à Leyde le jardin botanique le plus riche
et le mieux cultivé qu'il y eût alors en Europe. Olivier de Serres
lui attribue le titre de père des fleurs, et en même temps il vante
ses vertus.

L'Inde orientale, la Martinique, la Guyane ont vu successivement
s'établir des jardins botaniques dont plusieurs sont devenus un
résumé complet de la Flore des tropiques. Plusieurs jardins étaient
consacrés à la culture des légumes qui se répandaient de là dans
les colonies; d'autres contenaient les plus beaux plants d'arbres
à épices; dans l'un on a pu compter jusqu'à 22,000 girofliers en
plein rapport et dont quelques-uns s'élevaient jusques à 60 pieds.
L'Angleterre, de son côté, possède à Kew le plus beau jardin
botanique qu'il y ait au monde; il se compose de deux parties
distinctes, le jardin botanique proprement dit et le jardin d'agrément *arboretum*.

La Hollande et la Belgique offrent de nombreux jardins qui
présentent les spécimens des arbres et des plantes les plus rares.

A Alger, M. Hardy, placé par le gouvernement à la tête du

jardin d'essai, en a fait l'un des plus utiles établissement de notre colonie, car il est devenu pour les botanistes d'Europe, ainsi que pour les agriculteurs algériens, une source inépuisable de renseignements précieux, et il peut rivaliser, pour la richesse de ses collections et la belle tenue de ses cultures, avec les jardins les plus renommés.

Pour éviter de trop longs détails, je me borne ici à citer, parmi les établissements botaniques, remarquables, ceux de Rio Janeiro avec sa colonnade de palmiers unique au monde, de Regent-Parck, de Berlin, de Schœnbrunn, et en France celui de Marseille, qui est malheureusement compromis par la traversée du chemin de fer de Marseille à Toulon.

Il est impossible de ne pas faire ressortir ici l'utilité des serres lorsqu'il s'agit d'entretenir la végétation et la santé *des* plantes venues de tous les climats du monde. Les serres sont en effet le dernier raffinement de l'art horticole; sans le secours de ces jardins clos et couverts, à parois diaphanes, on serait réduit à ne cultiver dans chaque contrée que les plantes propres à cette contrée elle-même; les belles plantes des zônes tropicales et celles des terres australes ne seraient connues en Europe que par les descriptions et les peintures des voyageurs et par les échantillons mutilés qui garnissent les herbiers des botanistes.

Après ces considérations générales sur les établissements où sont cultivées les plantes utiles, il sera bon, je pense, de descendre dans les détails en examinant succinctement quelques-unes des plantes qui sont le plus généralement employées et qui offrent le plus grand intérêt.

Le thé est un produit de la Chine; mais, chose curieuse ! c'est en Chine que les Européens prennent le plus mauvais thé chinois, et c'est en Europe que les Chinois prennent le meilleur thé de leur pays. Cette assertion pourra paraître d'abord un paradoxe, et cependant rien n'est plus facile à comprendre, lorsque l'on examine les procédés employés pour faire la récolte du thé. Voici, en effet, ce qui se pratique: le premier et le second choix, tout ce qui est passable enfin, est mis de côté et empaqueté pour l'exportation; on n'en réserve qu'une faible qualité pour les besoins des grands de la nation. Les poussières et les résidus de tous genres sont les seules parties qui entrent dans le commerce ordinaire de la Chine. Il en est d'ailleurs de même de toutes les épices précieuses dans les pays qui les produisent. Le thé noir ou le thé vert proviennent du même arbre; c'est la manipulation de la feuille qui seule imprime la différence de couleurs.

La vanille s'est répandue en France en 1812, cependant elle avait été apportée en France primitivement en 1739 par le jardinier Millier, à son retour du Mexique. La vanille croît dans le nouveau monde spontanément partout où il y a de la chaleur, de l'ombre et de l'humidité. En médecine la vanille est employée comme tonique et stimulant; dans la confiserie on en fait un très-grand usage.

La vigne est un arbrisseau d'une grande vigueur, à l'état agreste, elle pourrait être considérée comme un arbre.

C'est par la culture que l'on est arrivé à améliorer les produits qui, dans les temps anciens, lorsque la plante était abandonnée à elle-même, laissaient infiniment à désirer; témoin le mot de Cinéas ambassadeur de Pyrrhus à Rome, qui trouvant très-acide le vin qu'on lui offrait, et faisant allusion à l'usage romain de laisser monter les pampres au sommet des arbres, prétendit que c'était justice d'avoir pendu la mère d'un tel vin à un gibet si élevé.

Le laurier est originaire de Crète et du Mont Atlas: il s'élève à 10 mètres dans le midi de l'Europe. Toutes les parties de cet arbre sont imprégnées de sucs aromatiques et servent comme parfums et comme assaisonnement. Il était regardé dans l'antiquité par les médecins comme une panacée universelle, et c'est pour cette raison que l'on était dans l'usage d'en orner les statues d'Esculape; aucun arbre ne fut alors plus célébré, il était particulièrement consacré à Apollon, parce que, selon la Fable, la nymphe Daphné, poursuivie par ce Dieu, aurait été changée en cet arbrisseau.

Le laurier-cerise, employé fréquemment en médecine, contient un poison si subtil, que ses seules émanations, si l'on reste trop longtemps sous son ombrage, suffisent pour occasionner des maux de tête. Ses feuilles donnent à la crème le goût d'amande, mais si l'on laissait infuser plus de deux feuilles dans un litre de lait, on serait exposé à des accidents. La canelle est la 2me écorce du laurier-cannellier.

L'arbre du voyageur que l'on cherche à acclimater en France, a des propriétés merveilleuses; il appartient à l'espèce du bananier, toutes ses feuilles s'emboîtent les unes dans les autres comme celles de l'iris, de manière à former à la hauteur de deux ou trois mètres un vaste éventail. L'eau qui tombe du ciel et la rosée principalement, s'accumulent à la base de ces feuilles comme dans une coupe naturelle et s'y conservent très-fraîches; si on perce cette base avec une lame un peu affilée, le liquide s'écoule en un petit filet qu'il est facile de recevoir dans la bouche.

Le café fut introduit à Constantinople en 1554, et en France seulement en 1669. Il possède des qualités stimulantes qui peuvent être utilement employées quand l'usage en est sagement réglé. C'est d'ailleurs une boisson des plus agréables au goût lorsqu'il a subi la torréfaction dans des conditions qui ne lui communiquent pas l'amertune sous l'action trop prolongée du feu.

La canne à sucre, de la famille des graminées, donne un produit que tout le monde connaît et apprécie. Parlerai-je de l'acanthe qui, dans le langage des fleurs, est l'emblême du culte des beaux-arts, depuis que ses feuilles ont fourni le modèle du chapiteau corinthien? de l'aconit qui, au dire des poètes, était le principal ingrédient des poisons préparés par Médée? C'est dans le suc de l'aconit que jadis les Germains et les Gaulois trempaient leurs flèches pour les empoisonner. Nous le voyons depuis quelques années mis fréquemment en usage dans les préparations homéopathiques.

L'Agaric a fait dire à Delille :

> Le puissant Agaric, qui du sang épanché
> Arrête les ruisseaux, et dont le sein fidèle
> Du caillou pétillant recueille l'étincelle.

Ses propriétés étaient connues des anciens qui le nommaient Agaricus Sanguinem Sistens.

L'anémone, qui ne s'épanouit que quand le vent souffle, fut apportée en France par M. Bachelier qui voulut garder ces fleurs pendant 8 ou 10 années sans les répandre.

Trouvant ce terme fixé beaucoup trop long, les curieux, impatients de jouir de cette nouveauté, offrirent des sommes considérables; mais M. Bachelier étant toujours intraitable, un conseiller au Parlement usa d'un stratagème assez plaisant pour se procurer la plante convoitée. La graine d'anémone ressemble beaucoup à la bourre, elle s'attache facilement aux étoffes de laine, toutefois quand elle est mûre. Le conseiller, vêtu de sa robe de Palais et accompagné de son laquais, vint voir M. Bachelier; étant arrivé jusqu'aux planches d'anémones, il fit tomber la conversation sur une plante qui se trouvait placée d'un autre côté, et d'un tour de robe effleura quelques belles anémones qui laissèrent leurs graines après l'étoffe; le laquais releva aussitôt la robe et la graine se cacha dans les plis de l'étoffe. M. Bachelier, qui ne se doutait de rien, fut quelque temps après fort étonné de voir cette fleur se multiplier dans les jardins sans qu'il en eût donné une seule graine.

On rapporta des colonies l'aloès qui est un purgatif des plus énergiques et dont les feuilles fournissent un fil très-fort. Cette plante fait la base de la préparation nommée élixir de longue-vie; en même temps, c'est-à-dire vers 1535, l'ananas cet excellent fruit, fut signalé aux botanistes d'Europe par Don Gonzale Hernandez gouverneur de St-Domingue.

Je m'abstiens d'entrer dans aucun détail sur les propriétés du lys, de la rose dont l'essence entre dans le commerce pour un million de francs, du pavot et de l'opium avec leurs vertus narcotiques, de l'orange, de l'olivier, du chanvre originaire de la Perse, de la ciguë empoisonnant Socrate, Phocion et tant d'autres, des conifères, des cèdres en particulier que l'on trouve dans les débris du temple d'Apollon après 2000 ans. Je laisse également de côté tous les détails que je pourrais donner sur l'arbre qui produit le quinquina, sur le cacaoyer et sur un grand nombre de plantes intéressantes, me réservant d'aborder avec quelques développements l'examen d'une plante qui est devenue aujourd'hui, sinon l'une des plus célèbres, du moins l'une des plus en vogue. Je veux parler du tabac. L'attention de l'Europe entière devait être vivement excitée par l'apparition de deux plantes appartenant l'une et l'autre à la famille des solanées; la première était la pomme de terre apportée d'abord en Angleterre en 1586, et aussi par les Espagnols qui la découvrirent en Amérique dans les environs de Quito, et enfin vulgarisée en France par Parmentier, après des efforts persévérants; la seconde était le tabac découvert également par les Espagnols en Amérique en 1492. L'usage en était dès-lors général dans le nouveau monde. Il ne fut introduit en France qu'en 1560, blâmé par les uns, loué par les autres, il excita les passions de ses détracteurs tout autant que celle de ses panégyristes.

En dehors de toute opinion systématique sur l'usage du tabac, il faut reconnaître qu'il contient un principe malfaisant désigné sous le nom de nicotine. Sa violence, dit le Dr Mélier, est telle, qu'elle peut être comparée à celle de l'acide prussique.

Une seule goutte de nicotine introduite dans la bouche d'une grenouille la fait mourir en quelques minutes. On sait que le poète Santeuil mourut pour avoir bu un verre de vin dans lequel on avait mis du tabac.

Le Dr Helving raconte l'histoire de deux jeunes gens qui, ayant fait le pari de fumer le plus grand nombre de pipes possible, furent pris de convulsions et périrent.

Le Dr Boun signale à l'Académie des sciences, dans un savant travail, l'abus du tabac comme l'une des causes de l'angine de poitrine.

La mort de M. de Cavour est attribuée à l'usage immodéré du tabac.

Enfin le Dr Sichel affirme que la consommation de 20 grammes de tabac à fumer par jour amène infailliblement la perte de la vue et de la mémoire. Malgré l'opinion des savants nettement formulée sur les dangers du tabac employé souvent sans modération, l'usage s'en est aujourd'hui tellement généralisé, que les personnes qui ne fument point forment une assez rare exception.

Il ne sera pas sans intérêt peut-être de reproduire ici le dialogue rétrospectif imaginé si spirituellement par Alphonse Karr

« Représentez-vous, il y a 300 ans, au moment où l'ambassadeur Nicot allait apporter en France, en 1559, le premier spécimen de tabac, pour l'offrir à Catherine de Médicis, représentez-vous un homme qui aurait demandé audience au cardinal de Lorraine et lui aurait dit :

« Monseigneur, les finances de l'État doivent être dans une situation assez piètre, etc., je viens vous proposer l'établissement d'un impôt qui, sans oppression et sans faire élever la moindre plainte, fera entrer dans vos coffres, dans un temps donné, aux environs d'une centaine de millions. Impôt volontaire, auquel personne ne sera astreint et auquel tout le monde contribuera.

« Voyons votre projet, aurait dit le cardinal de Lorraine.

« Le voici, Monseigneur; il s'agirait pour l'État de se réserver le privilége exclusif de vendre une herbe que l'on réduirait en poudre et que l'on se fourrerait dans le nez. On pourrait également laisser cette herbe en feuille et la mâcher, ou encore la brûler et en aspirer la fumée.

« Si par hasard le cardinal avait écouté jusqu'au bout il aurait dit:

« C'est donc un parfum plus délicieux que l'ambre, la civette, la rose ?

« Non, aurait répondu le postulant, ça sent, au contraire, assez mauvais.

« C'est donc une panacée, une thériaque, un orviétan ayant des propriétés merveilleuses et disputant l'homme à la destinée du trépas ?

« Non, l'habitude de respirer cette herbe en poudre diminue la mémoire, et détruit la finesse de l'odorat; elle cause des vertiges et a produit quelques exemples de cécité et d'apoplexie.

« Mâchée, cette herbe rend l'haleine infecte et cause de terribles désordres dans l'estomac.

« Quand on aspire la fumée, c'est une autre affaire; les premières fois que l'on en essayera l'usage, on aura des maux de cœur, des nausées, des vertiges, des coliques, des sueurs froides; mais avec le temps on s'y habituera au point de ne plus éprouver ces symptômes que de temps à autre et seulement quand on fumera de mauvais tabac ou du tabac trop fort, ou quand on sera mal disposé, les uns lorsqu'ils auront mangé et les autres quand ils n'auront pas mangé et dans cinq ou six autres cas.

« Les ouvriers employés à cette fabrication sont maigres, ont le teint hâve, sont sujets aux coliques, aux vomissements, à la céphalalgie, au vertige, au tremblement musculaire, et aux affections aiguës et chroniques de la poitrine, etc.

« Mais c'est un poison cette herbe là, aurait dit le cardinal de Lorraine, en admettant toujours qu'il aurait écouté l'homme au-delà de la première phrase.

« Un des poisons plus actifs connus, aurait-il été répondu.

« Et alors combien croyez-vous qu'il y ait d'imbéciles et de fous qui consentiraient à fumer cette herbe ou à s'en fourrer la poudre dans le nez ?

« Il y en aura un jour plus de 30 millions, Monseigneur.

« Le cardinal de Lorraine l'eût fait jeter à la porte ou l'eût fait enfermer comme fou, quoique le cardinal de Lorraine ne fût pas ennemi des projets hardis.

« Eh bien! le cardinal de Lorraine se fût trompé; les Français aujourd'hui brûlent, aspirent, mâchent et se fourrent dans le nez vingt-huit millions de kilogrammes de tabac. »

Je termine cette étude de l'art du jardinage au double point de vue de l'agrément et de l'utilité, avec l'espoir que l'on trouvera bon, peut-être, de rencontrer réunis, dans un travail relativement peu considérable, des faits épars dans un grand nombre d'ouvrages. J'ai dû nécessairement me borner et passer sous silence un grand nombre de plantes méritantes, en réunissant seulement celles qui offrent le plus vif intérêt ou présentent la plus grande utilité. J'ai essayé de démontrer que les plantes sont des pharmacies naturelles que la Providence a établies sur le globe pour prévenir nos maux ou pour les guérir. De leur bois, de leur écorce, de leurs bourgeons, de leurs feuilles, de leurs fleurs, de leurs fruits, s'exhalent des essences vivifiantes qui fortifient nos organes, régénèrent notre sang et neutralisent les principes méphytiques qui nous entourent.

Toutes les facultés intellectuelles et même les facultés morales trouvent dans l'étude des plantes une nourriture fortifiante. En recherchant, en glanant les faits utiles ou curieux qui ont rapport aux plantes, on peut avoir la conscience d'accomplir une œuvre intéressante non-seulement pour le savant, mais pour tout le monde. En étudiant les enseignements de la végétation on pourra voir se dérouler avec émotion, en tableaux animés, quelques-uns des mystères de la vie; on passera ainsi en revue la partie des sciences qui présente le plus d'applications journalières.

Les plantes nous offrent à tous les instants de précieux enseignements, car les lois qui régissent leur vie sont analogues à celles qui régissent l'existence de l'homme. Le végétal qui atteint promptement son entier développement meurt promptement, il en est de même de l'homme. On a reconnu que l'homme et les animaux pouvaient en général vivre cinq fois le temps qu'ils mettent à croître. Dans le règne végétal la loi la plus constante c'est que plus une plante fleurit vite, moins elle dure, et réciproquement.

Chez la plante comme chez nous, la longévité dépend du plus ou du moins de rapidité de la consommation, ou du plus ou du moins de perfection avec laquelle se fait la réparation des pertes.

En général l'art et la culture abrègent la vie des végétaux; on peut poser en principe que les plantes sauvages abandonnées à elles-mêmes vivent plus longtemps que celles que l'on cultive.

La culture propre à prolonger la vie des plantes est celle qui n'augmente pas outre mesure l'intensité de leur vie, qui retarde la consommation intérieure, qui conserve aux organes la perméabilité et le mouvement, en un mot celle qui arrête les influences destructives et qui fournit les moyens les plus puissants de régénération.

Tous ces principes s'appliquent parfaitement à la vie de l'homme; celui qui suit habituellement un régime trop stimulant arrive plus promptement à la fin de sa carrière.

Amiens, imp. de E. Yvert.

ETUDE

Sur le développement de la végétation des plantes à l'aide des procédés indiqués dans les conférences de M. Ville.

MESSIEURS,

J'ai pu soutenir, devant le Congrès scientifique, que l'horticulture était la sœur ainée de l'agriculture, et j'ai appuyé mon opinion sur des faits qu'il serait difficile de réfuter ; et, en effet, c'est par l'horticulture que sont introduites et cultivées, d'abord la plupart des plantes alimentaires, et c'est l'horticulture aussi qui expérimente et indique la route aux agriculteurs qui veulent entrer dans la voie du progrès, soit par des défoncements, soit par l'emploi, d'abord à titre d'essai, des engrais qui sont d'un puissant secours au cultivateur aussi bien qu'à l'horticulteur ; car évidemment, les engrais de ferme ne permettent pas, à cause de leur insuffisance, de réaliser toutes les améliorations que réclame l'entretien d'une terre qui doit fournir une récolte abondante et continue,

Ces considérations me conduisent à penser que l'horticulture peut rendre à l'agriculture un immense service, en étudiant et mettant en pratique, sur une échelle d'abord restreinte, les principes développés dans des conférences, très-savantes, publiées par M. Ville. L'auteur rend compte, dans une série de conférences, de ses expériences à Vincennes, sur la formation des végétaux et sur les principes et les règles définis par la théorie et confirmés par la pratique, devant lesquelles s'ouvrent, pour la culture, les perspectives les plus larges d'amélioration et de progrès.

Il faudra, évidemment, beaucoup de temps avant que les idées de M. Ville, présentées sous une forme éminemment scientifique, ayent été adoptées par les agriculteurs, et je considérerais comme une œuvre utile la mise en pratique, par l'horticulture, des expériences indiquées par M. Ville. L'horticulture, d'ailleurs, peut présenter promptement ses résultats, puisque dans nos jardins la culture bien comprise obtient deux et souvent même trois récoltes par année dans le même terrain, soit qu'il s'agisse de légumes, soit qu'il s'agisse des fleurs d'automne qui viennent remplacer celles du printemps. Par là même que l'horticulteur demande à sa terre des produits sans cesse renouvelés, il faut nécessairement qu'il lui fournisse ou une abondante fumure, ou des amendements convenables, et c'est sous ce rapport que, s'il réussit à appliquer les théories de M. Ville et à obtenir d'heureux résultats, il pourra venir en aide à l'agriculture en lui communiquant le fruit de ses expériences.

Ce double but, des avantages à espérer pour l'horticulture et d'une manière plus large pour l'agriculture, de l'initiative à prendre pour essayer les procédés de M. Ville, m'a mis la plume à la main, et malgré les difficultés de l'entreprise, en présence d'un travail aussi savant, j'espère résumer les théories de l'auteur de manière à en donner une idée avantageuse, en les dégageant de tout ce que la science peut avoir de trop compliqué.

M. Ville établit d'abord, avec une grande sagacité, que l'expérience enseigne que la culture finit par devenir impuissante, si on ne rend pas à la terre, par des engrais, l'équivalent de ce que les récoltes lui enlèvent. Il faut donc que la culture restitue au sol, sous une autre forme, une partie importante de ce que le sol lui a donné ; mais si l'on veut que cette restitution soit effective, la nature des engrais à employer se trouve fixée d'avance et leur choix ne peut être ni arbitraire ni abandonné aux incertitudes du hasard. Tant que l'on n'emploie que le fumier de ferme, on trouve dans les traditions du passé un guide à suivre avec confiance. Mais lorsque l'on cherche à perfectionner les moyens de production, il faut, si l'on ne veut pas que les efforts se traduisent par des mécomptes et aboutissent finalement à des pertes, abandonner les anciens errements et appeler à son aide l'usage des engrais artificiels.

C'est alors que, pour le choix, parmi les divers engrais, de composition si différente, il y aura nécessité d'obéir à des lois générales et certaines, déduites de la science, des phénomènes de la végétation.

D'abord on doit étudier d'où viennent les végétaux, quelle est au juste leur composition, et par là même se rendre compte de leur mode de formation.

La chimie nous apprend que tous les végétaux ont la même origine ; ils se résolvent tous dans les mêmes éléments, et ces éléments, au nombre de 14, se divisent en deux groupes, savoir :

ÉLÉMENTS DE LA PRODUCTION VÉGÉTALE :

ORGANIQUES.	MINÉRAUX.	
Carbone.	Phosphore.	Manganèse.
Hydrogène.	Soufre.	Calcium.
Oxigène.	Chlore.	Magnésium.
	Silicium.	Sodium.
Azote.	Fer.	Potassium.

Tous les végétaux se résolvent dans ces 14 éléments, quelles que puissent être, d'ailleurs, leur organisation, leur taille, leur nature et leurs propriétés.

Maintenant il faut bien établir que la production des végétaux appartient de droit au domaine de la chimie, puisque cette science a pour mission de nous faire connaître la nature des éléments auxquels tous les corps doivent leur formation et les lois d'après lesquelles ces éléments se combinent. De ces faits résulte cette conséquence, qu'au point de vue du développement de la végétation, la science peut fournir d'utiles enseignements.

En effet, celui qui, soit en agriculture, soit en horticulture, voudra demander au sol des produits avec chances de succès, ne devra plus se borner désormais à suivre empiriquement des procédés dont la véritable raison lui est trop souvent inconnue ; il ne sera pas tenu non plus de produire lui-même l'engrais, il ne le fera que s'il y trouve avantage. Dès que les conditions dont la fertilité dépend seront connues, le fumier de ferme cessera d'être un agent indispensable. On pourra lui substituer, sans inconvénient, d'autres engrais préparés avec les éléments premiers qui entrent dans sa composition et auxquels il doit lui-même son efficacité ; il suffira, pour arriver à un résultat certain, de modifier les éléments eux-mêmes et leur proportion, suivant les exigences du sol que l'on veut amender.

Dans une très-savante discussion appuyée par des calculs qui seraient trop longs à reproduire ici, M. Ville démontre qu'entre le carbone, l'hydrogène, l'oxigène d'une part, et l'azote de l'autre, il y a cette différence profonde, que la nature fournit toujours surabondamment les trois premiers de ces éléments organiques et que, par conséquent, il n'y a pas à s'en préoccuper, tandis qu'elle ne fournit l'azote qu'exceptionnellement et sous l'empire de certaines conditions.

Le secret de la bonne culture consiste donc à faire alterner les plantes qui puisent l'azote dans l'air, avec celles qui ont besoin de le trouver dans le sol, à l'état de nitre et de sels ammoniacaux, et à réserver, pour ces dernières, tout ce qu'on peut se procurer de composés azotés.

C'est par l'alternance de ces cultures opposées et la distribution raisonnée de l'engrais qui convient le mieux à chacune, qu'on réussit à élever les rendements, ou le chiffre des récoltes, sans épuiser la terre. Ce sont là des principes généraux que l'horticulteur ne doit pas perdre de vue plus que l'agriculteur.

On ne saurait concevoir un végétal sans une base, ou sans les produits assimilables nécessaires à sa formation ; les éléments qui concourent aux fonctions extérieures et passives sont dans le sol au nombre de trois : l'humus, l'argile et le sable.

L'humus possède, avant toutes ses autres propriétés, la faculté d'absorber et de contenir une grande quantité d'eau. 100 parties d'humus peuvent absorber jusqu'à 190 parties d'eau. A ce seul point de vue, la présence de l'humus dans le sol est une condition éminemment favorable à la végétation, au succès des cultures ; dans un terrain privé d'humidité, la végétation est impossible, parce que les éléments minéraux constitutifs des plantes, le phosphore, la chaux, la magnésie, la silice, le fer, ne sont assimilables pour elle qu'à la condition d'être préalablement dissous dans l'eau. Tout ce qui tend à conserver à la terre un état permanent d'humidité est donc favorable à la vie végétale.

L'humus possède encore une propriété remarquable et précieuse, celle d'absorber l'oxigène de l'air et de le transformer incessamment en acide carbonique au sein de la terre végétale.

L'humus entretient donc dans le sol une humidité salutaire ; il le rend meuble et léger ; il aide puissamment à la désagrégation et à la dissolution des éléments minéraux du sol, exerce une action dissolvante sur le phosphate de chaux, et enfin, mélangé avec le carbonate de chaux, il augmente dans une proportion considérable l'efficacité de cet agent.

L'argile appartient, comme l'humus, et plus encore que l'humus, à la classe des substances que nous appelons, en raison de leurs fonctions purement passives, éléments mécaniques du sol ; elle possède, de même que l'humus, la propriété d'absorber une grande quantité d'eau et de la fixer dans le sol, s'opposant également et à son écoulement dans les couches inférieures et à son évaporation.

100 parties d'argile absorbent 70 parties d'eau, et là, où le sable mouillé au même degré perd en 4 heures 88 parties d'eau, la perte par l'argile n'est que de 46 parties. L'argile détermine la dissolution des sels ammoniacaux, elle fixe la potasse, la soude, la chaux,

l'acide phosphorique et, par la présence de ces divers agents, dispose le sol pour la fertilité.

Le sable appartient à la classe des roches arénacées, c'est le nom que l'on donne aux roches réduites en fragments anguleux, ou roulées par l'action mécanique des eaux. Le sable se laisse traverser par l'eau comme un véritable philtre, il n'exerce sur elle que de faibles effets de capillarité, déterminées par les vides laissés entre ses grains et n'oppose aucune résistance à l'évaporation.

Une terre formée d'argile seulement serait très-favorable à la végétation. En effet, l'argile desséchée acquiert un degré de compacité que les racines des plantes sont impuissantes à vaincre, et saturée d'eau, elle forme une pâte trop molle et trop dépourvue de cohésion pour offrir aux végétaux un appui suffisant.

A la végétation, il faut, pour prospérer, une terre meuble, perméable au gaz comme à l'eau, retenant l'eau avec assez de force pour pouvoir résister à l'action desséchante des vents, et dont les éléments constitutifs soient assez étroitement unis pour ne pas tomber en poussière à l'époque des sécheresses, assez séparés les uns des autres, cependant, pour ne jamais atteindre ce degré de compacité qui rendait le sol impénétrable aux derniers filaments des racines. La réunion du sable et de l'argile fait donc la terre végétale par excellence ; toutefois, la proportion de l'argile et du sable doit varier suivant la localité et le climat ; là où il pleut davantage il faut moins d'argile, parce que la faculté de retenir l'eau y est moins nécessaire.

Après cet exposé sommaire des conditions nécessaires pour produire la vie végétale, je me hâte d'arriver aux procédés indiqués par M. Ville pour fournir au sol les éléments qui, très-souvent, lui font défaut. Les plus importants à obtenir sont : le phosphate de chaux, la potasse, la chaux, la magnésie ; unis à une matière azotée ils réalisent dans le sol les conditions d'une grande fertilité.

Un engrais composé de ces éléments, s'il est convenablement préparé, sera supérieur à tous les autres.

En effet, le fumier de ferme, dont on fait, dit M. Ville, le type des engrais par excellence, ne doit lui-même son efficacité qu'à leur présence. L'engrais que j'indique est au fumier ce que la quinine est au quinquina, la cause dernière de ses bons effets et de sa puissance. Une tonne d'engrais complet équivaut, comme composition, à 20 tonnes de fumier et comme puissance à 25 tonnes au moins. Son activité est plus rapide et non moins certaine, parce que les éléments dont il est formé sont immédiatement assimilables par les végétaux, tandis que les éléments du fumier, pour le devenir, doivent passer par une série de décompositions préalables, qui entraînent à leur suite des chances de pertes et un ralentissement qu'il est impossible d'éviter. Avec les engrais chimiques, on connaît la nature des agents que l'on emploie et le degré d'importance de chacun; la formation des végétaux n'a plus de mystère, on peut facilement régler leur culture et la modifier suivant la nature des terrains, tout le problème à résoudre se trouve réduit à la détermination des éléments qui manquent à la terre afin de les lui fournir avec l'engrais artificiel dans la proportion convenable. Cela ne peut se faire que par expériences tentées sur un terrain d'une étendue restreinte, et c'est précisément sous ce point de vue que l'horticulture peut utilement venir en aide à l'agriculture. L'horticulteur, pour me servir d'une image de M. Ville, pourra être placé en observation comme les védettes, et tout cultivateur intelligent devra le consulter comme les officiers de marine à la mer ont coutume de consulter le baromètre et la direction du vent. A l'aide d'expériences ainsi faites, avec méthode et persévérance, les hommes pratiques en apprendront plus qu'avec tous les livres possibles. L'expérience, d'ailleurs, fournit des données que ne peuvent apporter les principes en apparence les moins contestables; ainsi, bien que l'azote soit un des éléments les plus puissants pour la végétation, il est démontré que les matières azotées n'exercent pas sur tous les végétaux indistinctement la même influence. Par exemple, cette influence est nulle sur les pois et sur le trèfle, tandis qu'elle est très-grande sur le froment, la betterave, le colza. Ces faits permettent de conclure que si le trèfle et les pois prospèrent dans une terre, il est certain que cette terre est richement pourvue de minéraux, (phosphate de chaux, potasse, chaux), et que si le froment y réussit également, elle contient évidemment de plus la matière azotée. Ces détails suffisent pour montrer combien les expériences peuvent être intéressantes et profitables.

L'auteur, dans sa 5e conférence, entre dans de minutiéux détails sur la composition des engrais; je me borne à faire ici mention da ses indications qui sont fondées sur la science et sérieusement étudiées.

Enfin, dans la 6e conférence, il résume ses études antérieures par ces deux propositions : 1.º que le phosphate de chaux, la potasse, la chaux et la matière azotée, sont les agents par excellence de la production végétale; 2e que pour maintenir la terre dans un état constant et progressif de fertilité, et faut lui rendre, au moyen des engrais, plus de phosphate de chaux, de potasse et de chaux, que les récoltes ne lui en font perdre. A l'égard de la matière azotée, une restitution partielle suffit, parce que l'azote de l'air compense la différence. Je ne suivrai pas l'auteur dans la démonstration de ces deux propositions ; je me contente de les énoncer, et cela suffit, à mon avis, pour faire apprécier l'importance de l'ouvrage de M. Ville et donner le désir de marcher à sa suite dans la voie des expériences pour amener à réaliser les progrès qui deviennent impossibles avec la seule ressource des fumiers de ferme.

En terminant ce travail, dans lequel je me suis proposé un double but, d'abord de donner succinctement une idée de l'importance de l'ouvrage de M. Ville, et ensuite de faire entrevoir les avantages que l'horticulture peut espérer de l'emploi des procédés qu'il expérimente à Vincennes, je crois utile de livrer à vos appréciations un fait qu'il faut sérieusement prendre en considération. Je veux parler des assolements qui ont, dans la grande culture, et plus encore peut-être, dans l'horticulture, une très-grande importance. Cette question pourra donner lieu, de la part de quelques hommes intelligents de notre Société, à de longs développements ; je me contente d'indiquer la voie en énonçant cette proposition que, dans nos jardins, soit pour la culture des légumes, soit pour celle des fleurs, on ne doit jamais ramener les plantes dans le même terrain avant que la nature, par les influences atmosphériques, ou les engrais, par leur décomposition, ayent pu restituer au sol les propriétés fécondantes absorbées par une précédente récolte ; dans un jardin bien tenu et cultivé avec méthode, il faudrait donc, au lieu de s'en rapporter à la mémoire, souvent infidèle, tenir note exacte de la culture supportée dans chaque partie du jardin.

Ces observations conduisent à penser que les engrais artificiels pourront être appelés à rendre les plus grands services à l'horticulture à cause de leur assimilation avec le sol, infiniment plus prompte que celle des fumiers de ferme qui ne deviennent efficaces qu'après une décomposition exigeant plusieurs mois et souvent plus que l'année entière.

Je m'arrête, Messieurs, après ces indications un peu arides peut-être des procédés de la science, mais avec l'espoir d'avoir ouvert une voie nouvelle aux études et aux expériences des hommes pratiques de notre Société.

RAPPORT

Sur trois ouvrages de M. le comte Léonce de Lambertye, le premier relative aux semis de graines, les deux autres concernant les plantes ornementales.

MESSIEURS,

Il est toujours intéressant et facile de rendre compte des ouvrages de M. le comte Léonce de Lambertye ; parce que, dans tous les développements de ses indications, on le trouve clair et précis.

Dans les opuscules qu'il vient de faire paraître l'auteur a su, comme dans tous ses autres ouvrages, allier les connaissances du praticien à la science du botaniste.

Ses conseils sur les semis de graines de légumes fournissent des enseignements précieux, aussi bien sur les graines et plants que l'on récolte que sur ceux que l'on achète. Il indique toutes les conditions de réussite pour les semis, la préparation du sol, l'époque convenable pour semer, le choix d'un temps propice, la manière de semer, le tassement nécessaire pour un sol léger, la profondeur à laquelle doivent être enterrées les graines, et enfin les arrosements avant et après les semis.

Tous ces principes sont suivis d'un tableau par ordre alphabétique indiquant, pour les principales espèces et variétés de légumes, 1° les époques de semis, 2° les semis en pépinières, 3° les semis sur place, 4° la quantité de graines nécessaires, 5° la durée de la germination de chaque espèce de graines.

Puis l'auteur distribue les légumes par époques de semailles et parcourt ainsi tous les mois de l'année jusqu'à la deuxième quinzaine de septembre, époque à laquelle tous les semis cessent jusqu'au premier février.

Les plantes à assaisonnements sont passées en revue et leur culture indiquée.

Enfin la brochure se termine par la culture des fraisiers rustiques pour le village.

Après s'être occupé des plantes utiles, M. de Lambertye consacre deux brochures à l'étude des plantes ornementales en pleine terre, ce travail est divisé en trois parties. Dans la première il traite de la culture des Solanums; dans la seconde de la culture des Cannas et il termine son intéressante étude par la description de toutes les plantes diverses qui entrent dans la composition des jardins.

M. de Lambertye dédie son livre à M. Barillet Deschamps qu'il nomme à juste titre le créateur de la décoration des parcs par les plantes tropicales. Parmi les Solanums l'auteur a choisi les variétés les plus méritantes, il indique le port de la plante, la dimension et la couleur des feuilles, la taille et donne la culture que réclame chacune des espèces. Pour un grand nombre d'espèces le livre offre une gravure qui représente assez exactement l'effet de la plante. Le travail se termine par un tableau qui peut rendre les plus grands services aux amateurs et jardiniers qui veulent faire des acquisitions de Solanums et cherchent ensuite à les placer convenablement. Ce tableau fait avec le soin minutieux qui caractérise toutes les œuvres de M. de Lambertye indique, pour chacune des plantes décrites dans l'ouvrage, les noms, la hauteur des tiges, leur couleur, la grandeur des feuilles, leur couleur, celle de la fleur et l'époque de la floraison.

Pour les Cannas l'auteur suit la même méthode que pour les Solanums et termine par un tableau d'après le même système.

L'auteur passe ensuite en revue toutes les plantes diverses qu'il a employées comme décoration de ses jardins, et on rencontre sur chacune d'elle les notions les plus précieuses soit pour fixer son choix, soit pour les procédés de culture.

En résumé les ouvrages dont je viens de parler uniquement dans le but de donner une faible idée de l'intérêt qu'ils présentent, doivent prendre place dans toutes les bibliothèques horticoles et leur lecture évitera à tous les amateurs d'horticulture des essais qui sont souvent décourageants et toujours onéreux.

Amiens. — Imprimerie de E. Yvert, rue des Trois-Cailloux, 64

www.ingramcontent.com/pod-product-compliance
Lightning Source LLC
LaVergne TN
LVHW010112070726
842525LV00017B/1282